Feature Analysis of Chaotic Time Series and Its Applications

混沌时间序列特征分析及其应用

任伟杰　韩　敏　编著

化学工业出版社

·北京·

内容简介

本书以复杂系统产生的混沌时间序列为研究对象,重点论述了混沌时间序列的特征选择与因果关系分析方法,介绍了混沌时间序列的分解算法与组合预测模型,并探讨了脑电时间序列的特征提取与分类方法。本书系统地介绍了研究团队在混沌时间序列特征分析方面的最新研究进展,并给出了自然、工业、医学等领域的多个典型应用案例。

本书适合机器学习、时间序列分析等方向的本科生和研究生阅读,也可供从事复杂系统建模、混沌时间序列预测等领域的研究人员和工程技术人员参考。

图书在版编目(CIP)数据

混沌时间序列特征分析及其应用/任伟杰,韩敏编著.—北京:
化学工业出版社,2022.7
ISBN 978-7-122-41109-9

Ⅰ.①混… Ⅱ.①任…②韩… Ⅲ.①时间序列分析
Ⅳ.①O211.61

中国版本图书馆 CIP 数据核字(2022)第 054883 号

责任编辑:丁文璇   文字编辑:陈 雨
责任校对:王 静   装帧设计:张 辉

出版发行:化学工业出版社(北京市东城区青年湖南街 13 号 邮政编码 100011)
印   装:北京七彩京通数码快印有限公司
710mm×1000mm 1/16 印张 8 字数 134 千字   2022 年 8 月北京第 1 版第 1 次印刷

购书咨询:010-64518888   售后服务:010-64518899
网   址:http://www.cip.com.cn
凡购买本书,如有缺损质量问题,本社销售中心负责调换。

定   价:68.00 元

前　言

　　复杂系统普遍存在于气象、水文、工业、经济、医学等领域,其通常可以被抽象为具有多个层次、不同结构的单元,并按照一定的动力学规律发生相互作用。 复杂性科学被称为 21 世纪的科学,主要目标是揭示复杂系统的一些难以用现有科学方法解释的动力学行为。 2021 年 10 月,诺贝尔物理学奖颁发给三位复杂系统领域专家,表彰他们"对理解复杂物理系统的开创性贡献",引发了新的研究热潮。

　　混沌时间序列广泛存在于实际复杂系统中,多个变量之间存在着复杂的耦合关系。 挖掘出时间序列数据中蕴含的有用信息,对实际复杂系统的分析与建模具有重要意义。 本书以复杂系统产生的混沌时间序列为研究对象,针对混沌时间序列的特征选择、因果关系分析和特征提取等问题展开研究,为模型构建合适的输入特征,并提升模型的精度和计算效率。

　　全书共分为 5 章:第 1 章介绍本书的研究背景和意义,概述时间序列特征分析的基本方法,并给出本书的主要研究内容;第 2 章论述了特征选择的概念和算法分类,重点介绍了基于互信息和灰色关联分析的特征选择算法;第 3 章介绍了时间序列的因果关系分析方法,重点论述了项目组提出的多变量非线性因果分析模型;第 4 章在时间序列分解算法的基础上,介绍了基于单一分解技术和两层分解技术的组合预测模型;第 5 章以脑电时间序列为研究对象,重点介绍了脑电时间序列的特征提取方法,并实现了脑电数据集的自动分类。

　　本书第 1、3、5 章由任伟杰编著,第 2、4 章由韩敏编著。 书中的研究内容来源于编著者及其指导研究生的研究成果,在此对参与研究工作的研究生表示感谢。 在本书出版之际,李柏松、沈天宇参与了书稿的校核工作,在此表示感谢。

　　本书得到了国家自然科学基金项目"复杂系统的高维混沌时间序列分析与预测研究"(61773087)的资助。

　　由于编著者水平有限,书中难免存在不足之处,衷心希望读者们批评指正。

编著者

2022 年 2 月

目 录

第 5 章　脑电时间序列的特征提取方法与分类模型　97

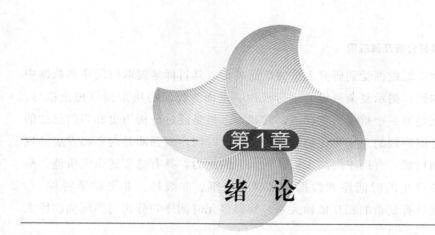

第1章

绪　论

混沌时间序列普遍存在于自然、社会、医学等领域的复杂系统中，时间序列数据挖掘是掌握复杂系统动力学特性的重要手段。本章首先介绍研究背景及意义，然后对混沌时间序列的特征分析方法进行简要介绍，包括特征提取和特征选择两类方法，最后给出本书的主要研究内容和组织结构。

1.1　研究背景及意义

复杂系统是具有高阶次、多回路和非线性信息反馈结构的系统，自然、社会、医学等领域的实际系统均属于复杂系统。分析复杂系统的内部结构，并对系统的未来一段时间变化趋势进行预测，是重要的研究课题。然而，复杂系统通常具有高维变量且相互耦合，每一维变量表现出非线性、不规则性等特点，系统结构复杂且随时间发生变化，因此难以直接建立精确形式的机理模型。在此背景下，基于可观测时间序列的数据驱动建模方法[1]受到广泛关注，为复杂系统的分析与建模提供了新的研究思路。

混沌时间序列是一类由混沌系统产生的时间序列，其蕴涵着丰富的系统动力学信息。研究采集到的时间序列可以分析混沌系统的动力学行为，已经引起国内外学者的广泛关注[2,3]。然而，在实际应用中，无法保证观测到的一元时间序列完全决定系统的演化行为，其难以完全描述未知的复杂系统。随着可观测变量的增加，综合利用多个时间序列的丰富信息，能够更好地描述系统的动力学特性。因此，多元混沌时间序列的分析与预测是当前面临的主要挑战，具有十分重要的研究价值。

多元时间序列的研究工作主要集中于时间序列数据挖掘[4]和时间序列预测[5]等方面。随着信息科学的快速发展，实际复杂系统中采集的时间序列规模越来越大，从时间序列数据中挖掘出有用信息是分析复杂系统的关键问题。因此，时间序列数据挖掘受到研究人员的广泛关注，其目标是提取时间序列数据中蕴含的有用知识，揭示复杂系统的运行规律，进而为控制与决策提供理论指导。时间序列预测是另一个重要研究课题，其基本思想是通过分析历史和当前已知的数据信息对时间序列的未来变化趋势进行预测。时间序列预测是对事物发展的规律性进行归纳概括，有助于提高人们认识世界的能力，具有重要的研究价值。然而，实际系统产生的时间序列数据通常具有高维、非线性、非平稳等特性[6]，时间序列之间具有复杂的相互依赖关系，使得多元时间序列分析与预测面临巨大挑战。

多元时间序列具有十分丰富的系统信息，在进行时间序列预测时，直接将多元时间序列作为模型输入，忽略了时间序列之间的相互依赖关系，难以得到期望的预测结果。此外，时间序列的高维特性给预测模型带来了很大负担，随着时间序列维度不断增加，出现大量无关和冗余信息，导致模型的计算精度和计算效率急剧下降。因此，为了克服高维特性的不利影响，学者们引入了维数约简方法[7]，对高维数据进行特征提取或特征选择，从原始特征中提取或选择出对建模贡献度大的有效特征，降维后的数据可以提高模型的计算精度和效率。例如，Ul-Saufie 等人[8] 研究 PM10 浓度预测，采用主成分分析对输入进行特征提取，根据相关且相互独立的特征进行建模，从而降低模型的复杂度并提高预测准确性；Koprinska 等人[9] 研究电力负荷预测，提出了基于相关性和实例的特征选择算法，从候选特征集合中选择出与预测任务高度相关的特征子集，大大缩减了输入特征维数并提升了预测精度。因此，维数约简方法能够充分挖掘时间序列中蕴含的有用信息，为多元时间序列建模提供有效的输入特征，在时间序列预处理方面发挥着重要作用。

实际复杂系统产生的时间序列之间具有复杂的相互作用，通过合适的方法挖掘其中蕴含的相互依赖关系，可以推断出系统的运行机理，为实际系统的分析与建模奠定基础。相关性分析方法能够分析时间序列之间的线性或非线性相关关系，在多元时间序列分析领域得到了广泛应用。例如，Zhang 等人[10] 采用多重分形去趋势互相关分析方法，研究 PM2.5 与气象因子之间的相关性，分析结果对于环境监测和污染治理具有重要作用。然而，多元时间序列之间不仅存在直接影响关系，而且存在以中间变量为桥梁的间接影响关系，影响关系可能具有非对称性。随着系统复杂程度的增加，传统的统计学相关性分析方法难以满足实际需求，因果关系分析方法逐渐成为研究热点。因果关系分析方法可以刻画出具有方向性的直接因果关系，在多元时间序列分析中具有明显优势。例如，Hu 等人[11] 提出了时域和频域因果分析方法，研究癫痫病人的颅内深层脑电信号的信息流动，根据脑电信号建立的因果关系网络可以实现癫痫病灶定位，对疾病的诊断和治疗具有指导作用。因此，研究多元时间序列的相关性和因果关系分析方法，对于实现复杂系统的分析与建模、探究复杂系统的运行机理具有重要价值。

综上所述，本书以复杂系统产生的多元混沌时间序列为研究对象，设计合理的研究手段实现多元时间序列的分析与预测。本书重点研究混沌时间序列的特征选择与特征提取方法，为模型构建合适的输入特征，进一步提升模型的预测精度，并降低模型的计算复杂度。本书的研究内容是复杂系统建模的重要工具，能够为自然、社会、医学等领域实际系统的控制与决策奠定理论基础，具有深远的研究意义和广阔的应用前景。

1.2 多元混沌时间序列特征分析基本方法

混沌时间序列的特征分析主要包括特征提取和特征选择两类方法。特征提取和特征选择是多元混沌时间序列建模的重要组成部分，作为建立模型前的数据预处理过程，可以显著提高模型的预测精度和计算效率。接下来，本节概述两类方法的基本概念和典型算法。

1.2.1 多元混沌时间序列的特征提取方法

特征提取是指通过映射或者变换的方法，将原始高维输入数据转换至低维特征空间中，从而实现降维的目的。对于实际复杂系统，其往往是由多元时间序列进行描述的，且不同的时间序列包含的系统信息也不尽相同。因此，当研究的目标有所不同时，不同时间序列的重要程度和贡献程度也不尽相同。此外，由于多元时间序列间往往存在着一定的相关性，所以使用全部的时间序列进行预测时，这些时间序列提供的系统信息在一定程度上也存在重复性问题。因此，为了充分利用原始时间序列中的有用信息，同时缩减输入变量的维数，学者们考虑利用组合的方式对多元时间序列进行转换，以提取原始时间序列中所包含的主要信息，使用较少的且互不相关的数据来替代复杂的原始数据，从而实现输入数据的降维。

典型的多元时间序列特征提取算法主要包括：主成分分析（principal component analysis，PCA）[12]、独立成分分析（independent component analysis，ICA）[13]、典型相关分析（canonical correlation analysis，CCA）[14] 和偏最小二乘（partial least squares，PLS）算法[15] 等。表 1.1 对上述算法进行了简单介绍。

表 1.1 几种典型的特征提取算法

算法	算法描述
主成分分析	主成分分析主要用于解决变量内部的相关性分析,其目的是尝试利用统计压缩的方法,将原始的高维数据通过线性组合的方式转换为较少维数且互补相关的综合指标数据,从而实现输入变量的降维。主成分分析通过主元提取的方法可以有效地解决高维数据间的多重共线性问题,但其在选取主成分时只考虑了自变量间的相关性,并没有考虑自变量与因变量之间的相关性
独立成分分析	独立成分分析作为一种从多元统计信号中揭示和提取潜在成分的关联分析方法,被广泛应用于信号处理领域的盲源信号分离研究之中。该方法不仅可以有效地去除各分量间的相关性,而且所得的分量在统计学上也是相互独立的非高斯分布信号。独立成分分析虽然具有很多的优势,但对于异常数据的处理能力较弱
典型相关分析	典型相关分析利用线性组合的方式,将两组随机变量间的相关性转换为两个综合变量之间的相关性。与主成分分析尝试寻找单独一组输入变量间方差最大的模态不同,典型相关分析尝试找出输入变量同预测变量间相关系数最大的模态,最大化不同模态数据之间的相关性,作为预测模型的输入变量
偏最小二乘算法	与主成分分析相比,偏最小二乘算法适用于样本容量小于变量个数的情况,而且在提取主成分的过程中,不仅考虑自变量与自变量间的信息,也考虑自变量与因变量间的信息。此外,偏最小二乘算法还能有效地解决多元时间序列间可能存在的多重共线性问题

1.2.2 多元混沌时间序列的特征选择方法

特征选择是特征提取的一种特殊情况,在满足一定预测性能要求的前提下,根据某种评估标准,从原始高维输入特征集中剔除无关特征和冗余特征,保留相关特征,从而选取出一个最优或者最有效的特征子集来代替原始高维的输入特征集合,从而实现输入特征维数的降低。

目前,典型的多元时间序列特征选择算法主要包括:Granger 因果关系分析[16]、Copula 分析[17]、互信息(mutual information,MI)分析[18] 和灰色关联分析(grey relational analysis,GRA)[19] 等。表 1.2 对上述典型的特征选择算法进行了简要介绍。

表 1.2 几种典型的特征选择算法

算法	算法描述
Granger 因果关系分析	Granger 因果关系分析立足于统计推断,是一种非对称的关联分析方法,可以对时间序列之间的因果关系进行定性分析。对于给定的时间序列 $x(t)$ 和 $y(t)$,若引入 $x(t)$ 时,$y(t)$ 当前时刻的预测误差减小,则说明序列 $x(t)$ 对 $y(t)$ 有因果关系。在 Granger 因果分析的基础上,学者们提出了大量改进方法,但是其只能给出定性的分析结果,不能进行定量描述

算法	算法描述
Copula 分析	Copula 函数本质是累积分布函数,用来连接随机变量边缘分布。Copula 函数可以较好地度量变量间的线性关系和非线性关系,同时对边缘分布的选择无限制。因此,Copula 分析能够度量变量间任意类型的关系,且一致性和相关性度量不受非线性单调递增变换的影响。但是,当数据分布不规则时,寻找合适的边缘分布以及合适的 Copula 函数变得比较困难
互信息分析	熵是信息论中的重要概念,用于描述系统的混乱程度。互信息是一种基于熵的相关性分析方法,用来反映变量间的相关性程度,变量之间的相关性越强,互信息的值越大。对于线性数据和非线性数据,互信息均能够有效地度量其相关性,且对于数据的分布类型没有任何要求。使用互信息求取变量间相关性时,计算复杂度一般较高。因此,对于高维数据,其应用较为困难
灰色关联分析	灰色关联分析通过比较序列曲线变化趋势的相近或相似程度,来度量序列间的相关程度。作为一种定量计算与定性分析相结合的算法,灰色关联分析不仅可以用来度量线性系统的相关性程度,而且还可以用来度量非线性系统的相关性程度,且思路简单、计算方便,对于序列的分布规律没有其他的要求。但是,由于灰色理论不够完善,灰色关联分析可能产生不符合实际的分析结果

1.3 主要研究内容及结构

本章介绍了混沌时间序列的研究背景与意义,并概述了多元混沌时间序列特征提取和特征选择的概念和典型算法。本书围绕混沌时间序列特征分析展开,分别对特征选择和特征提取进行研究,提升混沌时间序列建模的性能。首先,研究多元时间序列特征选择问题,包含基于互信息和灰色关联分析的两方面研究内容。然后,研究多元时间序列的非线性因果关系分析问题,实现多变量系统的因果关系挖掘。最后,研究时间序列的特征提取问题,建立时间序列的组合预测和分类模型。本书的后续章节安排如下:

第 2 章首先概述特征选择方法的基本概念和算法分类;然后,介绍一种基于互信息的分步式特征选择算法;最后,分别介绍基于相对变化面积的灰色关联模型和基于向量的灰色关联模型。几种特征选择方法应用于标杆数据和实际数据的特征选择和预测建模中。

第 3 章首先概述几类因果关系分析方法的研究现状和应用范围;然后,针对多变量、非线性因果关系分析问题,分别介绍基于 Hilbert-Schmidt 独立性准则-Lasso 回归模型的 Granger 因果分析方法和基于 Hilbert-Schmidt 独立性准则-群组 Lasso 回归模型的 Granger 因果分析方法；最后，介绍改进 Granger 因果分析方法的实际应用。

第 4 章首先概述经验模态分解算法及其改进方法；然后，介绍一种基于经验模态分解和神经网络的组合预测模型，提升混沌时间序列的预测效果；最后，针对单一分解技术的不足，介绍一种基于两层分解技术和优化 BP 神经网络的组合模型。

第 5 章首先概述脑电时间序列的特征提取方法；然后，介绍一种混合特征提取方法，提取出脑电时间序列的代表性特征，并根据集成极限学习机模型实现样本的自动分类；最后，介绍一种基于互信息的多元脑电时间序列特征提取算法。利用波恩大学和 UCI 数据库的脑电时间序列数据集进行仿真实验。

参考文献

［1］ 向馗. 数据驱动的复杂动态系统建模［M］. 北京：国防工业出版社，2013.

［2］ 田中大，李树江，王艳红，等. 短期风速时间序列混沌特性分析及预测［J］. 物理学报，2015，64（3）：030506.

［3］ Miranian A, Abdollahzade M. Developing a local least-squares support vector machines-based neuro-fuzzy model for nonlinear and chaotic time series prediction ［J］. IEEE Transactions on Neural Networks and Learning Systems, 2012, 24（2）: 207-218.

［4］ Esling P, Agon C. Time-series data mining ［J］. ACM Computing Surveys（CSUR）, 2012, 45（1）: 12.

［5］ Wang K, Li K, Zhou L, et al. Multiple convolutional neural networks for multivariate time series prediction ［J］. Neurocomputing, 2019, 360: 107-119.

［6］ Längkvist M, Karlsson L, Loutfi A. A review of unsupervised feature learning and deep learning for time-series modeling ［J］. Pattern Recognition Letters, 2014, 42: 11-24.

［7］ Zhao Y, Zhang S. Generalized dimension-reduction framework for recent-biased time series analysis ［J］. IEEE Transactions on Knowledge and Data Engineering, 2005, 18（2）: 231-244.

［8］ Ul-Saufie A Z, Yahaya A S, Ramli N A, et al. Future daily PM10 concentrations prediction by combining regression models and feedforward backpropagation models with principle component analysis（PCA）［J］. Atmospheric Environment, 2013, 77: 621-630.

［9］ Koprinska I, Rana M, Agelidis V G. Correlation and instance based feature selection for electricity load forecasting ［J］. Knowledge-Based Systems, 2015, 82: 29-40.

［10］ Zhang C, Ni Z, Ni L. Multifractal detrended cross-correlation analysis between PM2. 5 and meteorological factors ［J］. Physica A: Statistical Mechanics and its Applications, 2015, 438: 114-123.

［11］ Hu S, Dai G, Worrell G A, et al. Causality analysis of neural connectivity: critical examination of existing methods and advances of new methods ［J］. IEEE Transactions on Neural Networks, 2011, 22（6）: 829-844.

［12］ Li H. Asynchronism-based principal component analysis for time series data mining ［J］. Expert systems with applications, 2014, 41（6）: 2842-2850.

［13］ Matilainen M, Nordhausen K, Oja H. New independent component analysis tools for time series ［J］. Statistics & Probability Letters, 2015, 105: 80-87.

[14] Hardoon D R, Szedmak S, Shawe-Taylor J. Canonical correlation analysis: An overview with application to learning methods [J]. Neural Computation, 2004, 16 (12): 2639-2664.

[15] Esposito Vinzi V, Russolillo G. Partial least squares algorithms and methods [J]. Wiley Interdisciplinary Reviews: Computational Statistics, 2013, 5 (1): 1-19.

[16] Siggiridou E, Kugiumtzis D. Granger causality in multivariate time series using a time-ordered restricted vector autoregressive model [J]. IEEE Transactions on Signal Processing, 2015, 64 (7): 1759-1773.

[17] Zhang X P, Shang J Z, Chen X, et al. Statistical inference of accelerated life testing with dependent competing failures based on copula theory [J]. IEEE Transactions on Reliability, 2014, 63 (3): 764-780.

[18] Ircio J, Lojo A, Mori U, et al. Mutual information based feature subset selection in multivariate time series classification [J]. Pattern Recognition, 2020, 108: 107525.

[19] Han M, Zhang R, Qiu T, et al. Multivariate chaotic time series prediction based on improved grey relational analysis [J]. IEEE Transactions on Systems, Man, and Cybernetics: Systems, 2017, 49 (10): 2144-2154.

混沌时间序列的特征选择方法

特征选择是混沌时间序列建模的一个重要环节，不仅能够提升预测模型性能，而且可以降低模型的计算复杂度。本章首先概述特征选择的基本概念和算法分类；其次介绍一种基于互信息的分步式特征选择算法，采用两步过程分别实现相关特征的选择和弱相关特征的剔除；再次，介绍两种基于灰色关联模型的特征选择算法，包括基于相对变化面积的灰色关联模型和基于向量的灰色关联模型；最后，通过标杆和实际数据仿真实例验证特征选择算法对混沌时间序列建模的有效性。

2.1 特征选择方法概述

特征选择（也称为变量选择、属性选择或变量子集选择）是指从原始特征集合中选择出相关特征子集的过程，它是机器学习中关键的数据预处理方法[1]。通常，原始特征集合包含相关特征、无关特征和冗余特征，特征选择的目标是在保证特征子集包含全部重要信息的同时，去除无关特征和冗余特征，达到约简输入特征维数、提高模型预测性能的目的。特征选择方法的主要优势在于：

ⅰ.降低输入特征维数，有效避免出现维数灾难问题，从而简化模型结构、缩短训练时间；

ⅱ.去除无关和冗余特征，有效降低模型训练的难度，从而提升模型泛化性能、避免出现过拟合现象。此外，特征选择方法不改变原始特征的物理特性，特征子集具有良好的可解释性，在时间序列分析与建模中得到广泛应用。

特征选择的基本流程如图 2.1 所示，包含四个关键步骤：子集生成、子集评价、停止准则和结果验证。首先，想要生成特征子集，需要采用一定的搜索策略，主要有全局最优搜索策略、随机搜索策略和启发式搜索策略三种类型；其次，

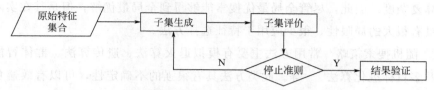

图 2.1　特征选择方法的基本流程

需要选择合适的评价准则来度量特征子集的性能，可以分为过滤式（filter）、封装式（wrapper）和嵌入式（embedded）等类型；再次，设计合理的停止准则，从而提高特征选择算法的计算效率，常用的方法有设置特征子集评分的上限阈值、设置算法的最大运行次数或运行时间等；最后，针对特定的学习任务，根据后续学习过程的性能指标，评价特征选择算法结果的有效性。特征选择方法的核心是搜索策略和评价准则，下面从这两个方面分别对特征选择方法的研究现状进行总结。

（1）特征选择的搜索策略

特征选择是从包含 M 维特征的原始集合中选出包含 m 维特征的最优特征子集的过程。采用穷举法生成特征子集，则需要从 2^M-1 个候选特征子集中选出最优特征子集，该问题是一个 NP-hard 问题。因此，设计一个可行的搜索策略，使算法兼顾计算效率和搜索性能，是特征选择方法的关键问题。特征选择方法的搜索策略可以分为全局最优搜索策略、随机搜索策略和启发式搜索策略三类[2]，不同搜索策略的性能对比如表 2.1 所示。每一种搜索策略有各自的优势与不足，针对特定的特征选择问题，可以根据数据规模、精度要求以及求解难度等具体情况选择合适的搜索策略。下面分别对三种搜索策略进行详细分析与总结。

表 2.1　不同搜索策略的性能对比

类型	精度	计算复杂度	优势	不足
全局最优搜索	全局最优解	$O(2^M)$	精度高	计算复杂度过高
随机搜索	结果不确定	小于 $O(2^M)$	可以避免局部最优	难以选择合适参数
启发式搜索	近似最优解	$O(M^2)$	简单、快速	容易陷入局部最优

① 全局最优搜索策略　常用方法主要有广度优先搜索、分支定界法、回溯法等。此类方法遍历特征空间中所有可能的组合，从中选出最优的特征子集，可以确保得到的解是全局最优的。然而，该方法的搜索空间是 $O(2^M)$，具有很高

的计算复杂度。因此,尽管全局最优搜索能够得到全局最优解,但是其在实际应用中具有很大的局限性,很少应用于特征选择方法。

② 随机搜索策略 常用方法主要有模拟退火算法、遗传算法、群体智能算法以及多目标进化算法[3] 等。此类方法具有很强的不确定性,可以有效避免算法陷入局部最优,当迭代次数较大时可以得到比较理想的结果。虽然该方法的搜索空间为 $O(2^M)$,通过设置最大迭代次数可以进一步限制搜索空间,使其远小于 $O(2^M)$。此外,还需要设置搜索算法的参数,参数设置对特征选择结果具有很大的影响。

③ 启发式搜索策略 常用方法主要有顺序前向选择算法、顺序后向选择算法、增 l 减 r 选择算法、双向搜索算法、浮动搜索算法、爬山搜索算法等。启发式搜索策略是一类近似算法,避免了穷举法的大范围搜索,其搜索空间通常为 $O(M^2)$,具有较高的计算效率,并且可以达到与前两种搜索策略接近的搜索结果,广泛应用于各种特征选择方法。但是,该方法主要采用贪心策略,即在搜索过程中仅考虑本轮选择的特征子集最优,算法容易陷入局部最优。

(2)特征选择的评价准则

根据搜索策略生成候选特征子集之后,特征选择方法需要按照一定的评价准则对候选特征子集进行评价,从而选出最优的特征子集。特征选择方法依据评价准则的不同,可以分为过滤式、封装式和嵌入式等[4]。过滤式通过分析特征子集的内部特性来评价其优劣,一般作为数据预处理过程,与后续模型的选择无关。封装式将模型预测精度作为评价特征子集优劣的标准,与后续模型密切相关。嵌入式特征选择方法与模型训练同时进行,是模型的组成部分。此外,还有几种方式相结合的混合特征选择方法。不同评价准则的性能对比如表 2.2 所示,下面分别对几种评价准则进行详细分析与总结。

表 2.2 不同评价准则的性能对比

类型	优点	不足
过滤式	计算复杂度低、可扩展性强,适用于大规模数据集	没有考虑与后续模型之间的关系,不能根据特定模型进行调整
封装式	与后续模型密切相关,特征子集预测精度高	计算复杂度高,不适合大规模数据集,泛化性能较差
嵌入式	特征选择与学习算法联系紧密,计算复杂度较低	依赖于学习算法的选择

① 过滤式　该方法采用合适的评价准则对特征重要性进行排序，其评价过程可以分为单变量和多变量两种方式，然后过滤掉排序低的特征或集合。过滤式方法采用的评价准则主要有距离度量、相关性度量、信息度量和一致性度量等[2]。距离度量主要包括欧氏距离等距离测度、类内和类间距离、概率距离等，代表性特征选择方法为 Relief 及其变体 ReliefF 等[5]。相关性度量包括相关系数、HSIC 等指标，可以有效衡量输入与输出之间的相关性以及输入之间的冗余性，对候选特征子集进行综合评价，代表性方法有基于相关性的特征选择（correlation-based feature selection，CFS）算法[6] 等。信息度量可以看作相关性度量的一种特殊形式，主要采用信息熵、互信息和信息增益等建立评价准则，可以度量变量之间依赖关系的强弱，在特征选择方法中占据十分重要的位置，代表性方法有联合互信息、最小冗余最大相关算法[7] 等。一致性度量根据不一致率评价特征子集，目标是寻找与原始集合具有同样区分能力的最小特征子集[8]。过滤式方法的优势为计算复杂度低、可扩展性强，具有广阔的适用范围，并且根据重要性排序可以分析出输入与输出特征之间的关系。然而，当特征与后续模型具有较大关联时，此类方法不能保证选出最优的特征子集。

② 封装式　该方法采用全部特征子集训练模型，然后根据模型的分类或预测精度衡量特征子集的优劣。代表性方法有基于递归特征消除的特征选择算法、基于随机搜索策略的特征选择算法、基于启发式搜索策略的特征选择算法等。递归特征消除（recursive feature elimination，RFE）的基本思想是采用输入特征训练基模型，然后对特征进行排序并移除若干特征，基于剩余的特征重复上述过程，最终获得最优特征子集，典型方法为 SVM-RFE[9]。随机搜索策略与封装式相结合是一类常见的特征选择方法，具有较好的性能，例如二进制粒子群优化＋决策树[10] 等，由于模型需要训练成千上万次，具有很高的计算复杂度。启发式搜索策略与封装式相结合，可以明显降低特征选择算法的计算复杂度，在实际应用中取得了较好的效果[11]。相比于过滤式方法，封装式方法得到的最优特征子集具有更高的预测精度，选择的特征子集规模更小。然而，此类方法计算复杂度高，不适合处理大规模数据集，并且泛化性能较差，容易出现过拟合现象。

③ 嵌入式　该方法将特征选择嵌入到模型训练过程中，代表性方法有决策树算法、正则化模型等。基于信息理论的决策树包括 ID3、C4.5 等算法[12]，根据信息增益或增益率等划分属性，选择具有最大区分能力的特征，循环迭代直到构造出完整的决策树，其学习过程是典型的嵌入式特征选择方法。正则化是回归

模型常用的训练算法，通过在目标函数中施加特征系数的惩罚项，可以提升模型的泛化能力并降低复杂度，当正则化项具有稀疏效果时，部分特征系数收缩为零，即实现了输入特征选择，典型方法有 Lasso、群组 Lasso、HSIC-Lasso、$L_{2,1\text{-}2}$ 正则化等。嵌入式方法融合了过滤式和封装式方法的优势，具有过滤式方法的计算效率，避免了反复训练模型，同时具有封装式方法的精度，保持了特征选择与学习算法之间的联系。然而，此类方法的性能依赖于学习算法的选择，可扩展性弱，应用范围比较局限。

此外，为了充分发挥评价准则的优势、克服各自的不足，出现了结合不同评价准则的混合特征选择方法。最常见的混合特征选择方法为过滤式与封装式相结合，首先根据过滤式方法移除无关或冗余特征、保留重要的特征，然后根据封装式方法对剩余特征进一步筛选，最后获得理想的特征子集。Apolloni 等人提出了一种两阶段混合特征选择算法[13]，第一阶段根据信息增益对输入特征进行排序，选择出排序靠前的特征，第二阶段采用基于二进制差分进化的封装式方法选择最优特征子集，结果表明混合特征选择算法具有更高的精度和更强的鲁棒性。Hu 等人[14] 首先应用基于偏互信息的过滤式方法滤除无关和冗余特征，然后利用萤火虫算法生成候选特征子集，并依据 SVM 的预测精度确定最优特征子集，在电力负荷预测问题中取得了理想的结果。

综上所述，特征选择是一个典型的优化问题，核心研究问题集中于搜索策略和评价准则两方面。尽管特征选择方法取得了大量研究成果，但是如何针对特定问题设计合理的特征选择算法，仍是当前研究的热门方向。以混沌时间序列为研究对象，在时间序列相关性和因果关系分析的基础上，研究合理的搜索策略和评价准则，能够进一步提升特征选择算法的计算效率和精度。特征选择结果可以有效解释时间序列之间的相互作用关系，对混沌时间序列的预测建模具有重要的指导意义。

2.2　互信息分步式特征选择算法

互信息估计是特征选择的基础，本节首先介绍一种适用于高维变量的互信息估计方法，即 k-近邻互信息估计法；然后介绍分步式算法的具体内容；最后通过仿真实例验证方法的有效性。

2.2.1　k-近邻互信息估计

互信息源于信息论中熵的概念，它可以度量随机变量中包含的信息量。假设

X 代表一个离散的随机变量，$p(x)$ 表示 X 的概率分布函数，则变量 X 的信息熵定义为

$$H(X) = -\sum_x p(x)\log p(x) \tag{2.1}$$

互信息度量两个随机变量之间的相互依赖程度。假设 X 和 Y 为两个离散的随机变量，其联合概率分布函数为 $p(x,y)$，那么变量 X 和 Y 的互信息定义为

$$I(X;Y) = \sum_{x,y} p(x,y)\log \frac{p(x,y)}{p(x)p(y)} \tag{2.2}$$

由式(2.2) 可得，当变量 X 和 Y 相互独立时，满足 $p(x,y)=p(x)p(y)$，它们的互信息为零；变量之间的依赖程度越高，互信息值越大。

Kraskov 等提出的 k-近邻互信息估计方法[15] 可以对高维互信息进行计算。这是因为采用样本邻域的统计方法避免了对概率密度的估计。k-近邻方法的基本思路为：设空间 $Z=(X,Y)$ 内共有 N 个样本点 $z_i=(x_i,y_i)$，$i=1,2,\cdots,N$，计算每一个样本点 $z_i=(x_i,y_i)$ 与其余点的距离，设点 $z_i=(x_i,y_i)$ 与其第 k 个最近邻的距离为 $\varepsilon_i/2$，$z_i=(x_i,y_i)$ 与 X 轴上对应点的距离为 $\varepsilon_x(i)/2$，同理可得 $\varepsilon_y(i)/2$。将与点 x_i 的距离严格小于 $\varepsilon_i/2$ 的样本点个数记为 $n_x(i)$，同理可得 $n_y(i)$。则变量 X 和 Y 之间的互信息可以估计为

$$I(X;Y) = \psi(k) - \langle \psi(n_x+1) + \psi(n_y+1) \rangle + \psi(N) \tag{2.3}$$

其中，$\langle \cdots \rangle$ 表示对其中的所有变量 $i \in [1,N]$ 取平均，即 $\langle \cdots \rangle = \frac{1}{N}\sum_{i=1}^{N} E[\cdots(i)]$。

$\psi(x)$ 为 Digamma 函数，$\psi(x)$ 可迭代求出

$$\psi(1) = -0.5772516$$
$$\psi(x+1) = \psi(x) + 1/x \tag{2.4}$$

应用于高维变量时，多变量 $(X_1,X_2,\cdots,X_M)$ 可以看作一个整体变量 $\boldsymbol{X}$，统计 $\boldsymbol{X}$ 的近邻点，然后就可以采用式(2.3) 估计高维互信息 $I(X_1,X_2,\cdots,X_M;Y)$。k-近邻互信息估计方法的计算复杂度为 $O(N^2)$[15]，即算法的计算时间主要取决于样本规模 N，而受变量维数 M 的影响较小。因此，本节选取 k-近邻方法计算高维互信息。

2.2.2　分步式特征选择算法

输入特征可以分为强相关特征、弱相关特征和无关特征三类。由于弱相关特征的引入会导致冗余，冗余特征也可以看作弱相关特征的一种。因此，在理

论上最优特征子集应只由强相关特征组成，而不应包含弱相关特征和无关特征。

首先，考虑输入特征与输出特征之间的相关性。自信息 $I(Y;Y)$ 代表了输出特征 Y 自身所包含的全部信息，如果输入特征 X_i 满足

$$I(X_i;Y) > \delta_1 I(Y;Y) \tag{2.5}$$

其中，$\delta_1 \in [0,1]$ 为相关性阈值，表明 X_i 中包含了与 Y 相关的一定量的信息，即可以认为 X_i 是 Y 的相关特征。如果不满足式（2.5），则说明 X_i 只包含了关于 Y 的少量信息或不包含 Y 的信息，可以认为 X_i 是无关特征，并从输入特征子集中将其删除。

对所有输入特征 X_i 重复以上操作便能得到由强相关特征和弱相关特征共同构成的输入特征子集 F，此时需要进一步考虑特征的冗余性。删除冗余特征并不会影响输入特征子集 F 与输出特征 Y 之间的相关性，所以本节采用后退搜索方法，以删除某一个输入特征 X_i 时子集 F 与输出 Y 之间互信息的变化量为评价函数，如果变化量较小，则 X_i 为冗余特征，否则 X_i 为相关特征。

分步式特征选择算法的实现过程如下[16]：

输入特征 $\boldsymbol{X} = \{X_1, X_2, \cdots, X_M\}$，特征维数为 M，输出特征 Y，最优特征子集 S。

步骤一 选择相关特征。

ⅰ.分别计算每一维输入特征与输出特征之间的互信息 $I(X_i;Y)$，$i = 1, 2, \cdots, M$；

ⅱ.根据设定的相关性阈值参数 $\delta_1 \in [0,1]$，选择出所有满足相关性条件式（2.5）的输入特征 X_i，并将 X_i 依据 $I(X_i;Y)$ 降序排列组成相关特征集合 F。

步骤二 后退法剔除弱相关特征。

ⅰ.最优特征子集初始化为 $S = F$；

ⅱ.依次计算剔除变量 $\{S_j\}$，$j = 1, 2, \cdots, |S|$ 时，输入特征子集与输出特征之间的互信息，即 $R_j = I(S - \{S_j\}; Y)$；

ⅲ.若满足冗余性条件 $I(F;Y) - \max R_j < \delta_2 I(F;Y)$，其中参数 $\delta_2 \in [0,1]$ 为预先设定的冗余性阈值，则 $S = S - \{S_t\}$，$t = \underset{j}{\arg\max} R_j$；

ⅳ.重复步骤ⅱ和ⅲ，当满足停止条件 $I(F;Y) - I(S;Y) \geqslant \delta_2 I(F;Y)$，或者选择的输入特征已经达到预设个数时，算法停止。

特征选择算法在使用时通常都会预先设定一个所要选择的特征个数 P，为了

方便比较，在分析算法的计算复杂度时仅考虑第二个停止条件，且不考虑互信息估计的计算复杂度。分步式算法在第一步中的计算复杂度为 $O(M)$，在第二步中的计算复杂度为 $O(|F|P)$，$|F|$ 为相关特征子集 F 的规模，显然 $|F| \leqslant M$，$O(|F|P) < O(MP)$。表 2.3 将分步式算法与几种常用互信息特征选择算法的计算复杂度进行了比较。

表 2.3 不同特征选择算法计算复杂度对比

特征选择算法	计算复杂度	特征选择算法	计算复杂度
mRMR[7]	$O(MP^2)$	JMI[19]	$O(MP^2)$
CMIM[17]	$O(MP)$	分步式算法[16]	$O(|F|P)$
MIFS[18]	$O(MP^2)$		

由表 2.3 可知，分步式算法的计算复杂度最小，但五种算法的计算复杂度整体上比较接近，这是由于各算法都采用前向或后向的启发式搜索算法。由于第一步选择过程可以有效减小输入特征子集规模，进而降低第二步中删除冗余特征的计算复杂度，当对算法的计算时间要求严格时，便可以通过缩小子集 F 的规模来控制算法的计算复杂度。这也是分步式算法与单一评价函数方法相比的优势之一。分步式算法的另一个优势是第二步从子集的角度出发，衡量输入与输出的相关性，更能反映特征之间关系的真实情况，同时非线性的评价标准 $I(F;Y) - \max R_j < \delta_2 I(F;Y)$ 能够更加准确地体现特征冗余性。

分步式算法中有两个可调参数：相关性阈值 δ_1 和冗余性阈值 δ_2。δ_1 越大，算法对特征的相关性要求越高，第一步结束之后得到的特征子集 F 规模越小；δ_2 越大，算法对特征的冗余性要求越严格，第二步结束之后剔除的冗余特征越多，最优特征子集 S 的规模越小。因此，两个参数的选择对于算法的性能非常关键。给定一组需要处理的数据，在选择参数 δ_1 和 δ_2 时应重点考虑以下三个方面：实际数据的特征维数；算法对时间要求的严格程度；数据相关性和冗余性的大致情况。

① 参数 δ_1 的选取原则　当在第一步中计算出每一维输入特征与输出特征之间的互信息值 $I(X_i;Y)$，$i=1,2,\cdots,M$ 和 $I(Y;Y)$ 之后，就可以确定出 δ_1 的一个范围 $\min\{I(X_i;Y)/I(Y;Y)\} \leqslant \delta_1 \leqslant \max\{I(X_i;Y)/I(Y;Y)\}$。当特征维数较高或

者对算法的计算复杂度要求较为严格时，δ_1 可以设置得较大，从而在第一步中有效降低特征维数，否则会增加第二步的计算复杂度；当特征维数较低且对算法的计算复杂度要求不甚严格时，δ_1 可以设置得较小，从而降低相关特征被提前删除的可能性。

② 参数 δ_2 的选取原则 在第二步中，如果相关特征集合 F 中的所有特征相互独立，则可以由 $I(F;Y)/|F|$ 来近似这些特征与 Y 的平均相互作用，因此 δ_2 可以在 $1/|F|$ 附近取值，即如果去除某个特征时，特征子集与输出特征之间互信息的变化小于平均水平 $I(F;Y)/|F|$，则认为该特征为冗余特征。

2.2.3 分步式算法用于 RBF 网络隐层节点选择

特征选择算法的有效性通常通过预测模型的精度来检验。由于径向基函数（radial basis function，RBF）神经网络具有结构简单、学习速度快和全局逼近等优点，本节采用 RBF 神经网络构建预测模型。输入层、隐含层和输出层是 RBF 神经网络的基本结构。隐含层是三层网络结构中的关键，一般采用如式（2.6）所示的高斯函数作为隐含层激活函数

$$\phi(X) = e^{-\frac{\|x-\mu\|}{\sigma^2}} \tag{2.6}$$

式中，μ 为基函数中心；σ 为方差。设隐含层神经元总数为 C，则由隐含层输出的线性组合可以得到网络的输出

$$y = \sum_{i=1}^{C} w_i \phi_i(X) \tag{2.7}$$

式中，w_i 为第 i 个隐含层神经元和输出层神经元之间的连接权值。

RBF 神经网络的训练过程通常可以分为两步：首先确定输入层和隐含层之间的连接权值，然后确定隐含层和输出层之间的连接权值。在此过程中，核心问题是确定两个参数：径向基函数的中心和隐含层神经元的个数。RBF 网络的基函数中心通常是由训练样本随机产生的，如果某一些基函数中心靠得太近，就容易出现近似线性相关，带来数值上的病态解问题。为避免该问题，常用的做法是采用 K 均值或者模糊 C 均值等方法对训练样本进行聚类，然后将得到的聚类中心作为基函数的中心向量。

K 均值聚类算法简单，运算速度快，因此本节选用 K 均值聚类确定 RBF 神经网络的基函数中心。但在 K 均值聚类中，聚类个数 C 需要预先设置。为了降低参数 C 对网络整体性能的影响，并有效控制网络规模，避免隐含层节点数过

多造成的过拟合问题，本节在 K 均值聚类确定隐含层节点的基础上，进一步利用分步式特征选择算法筛选隐含层节点。如图 2.2 所示，在选择节点的过程中，隐含层 C 个节点的输出可以看作特征维数为 C 的输入数据，网络的期望输出可以视为其对应的样本输出数据，这样便可以根据隐含层节点的权值与网络期望输出的相关性采用分步式算法对其进行节点选择。

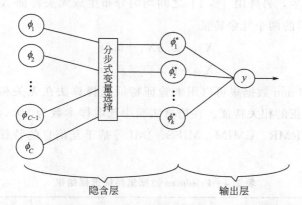

图 2.2　优化后的 RBF 神经网络的隐含层到输出层结构

因此，隐含层结构优化之后的 RBF 神经网络的训练过程为：第一阶段，首先利用 K 均值算法对训练样本的输入进行聚类，得到聚类中心 μ_i，然后采用分步式算法对聚类中心进行特征选择，将选择得到的 μ_i 作为网络隐含层的基函数中心；第二阶段，利用伪逆算法直接求得网络的输出权值。为了方便叙述，本节之后将基于 K 均值聚类的 RBF 神经网络称为"原 RBF 神经网络"，而将进行过隐含层节点选择的网络称为"优化的 RBF 神经网络"。

2.2.4　仿真实例

采用 Friedman[20] 和 Gas Furnace[21] 两组数据验证分步式算法的有效性，并与常用特征选择算法 mRMR、CMIM、MIFS 以及 JMI 比较。结合所用实验数据的特点以及 2.2.2 节中对阈值参数选取的分析，在本节仿真中分别选取 $\delta_1 = 0.2, \delta_2 = 0.2$。本节选用均方根误差（root-mean-squared error，RMSE）作为预测性能评价指标

$$\text{RMSE} = \sqrt{\frac{1}{N-1}\sum_{t=1}^{N}\left[\hat{y}(t) - y(t)\right]^2} \tag{2.8}$$

式中，$y(t)$ 为实际值；$\hat{y}(t)$ 为预测值；N 为样本个数。均方根误差越接

近于 0，说明预测效果越好，反映了预测值对实际值的平均偏离程度。

（1）Friedman 数据特征选择

Friedman 的数学模型为

$$Y = 10\sin(\pi X_1 X_2) + 20(X_3 - 0.5)^2 + 10X_4 + 5X_5 + \varepsilon \tag{2.9}$$

式中，ε 为标准正态分布的噪声；$X_1 \sim X_5$ 为有效输入特征，由 $[0,1]$ 之间的均匀分布产生，另外由 $[0,1]$ 之间均匀分布生成无关特征 $X_6 \sim X_{10}$。引入如式(2.10) 所示的两个冗余特征

$$X_{11} = 0.5X_1 + 0.5\varepsilon$$
$$X_{12} = 0.5X_2 + 0.5\varepsilon \tag{2.10}$$

因此，Friedman 数据集可以用来验证特征选择算法在无关和冗余特征干扰下能否选择出真正的相关特征。在仿真实验中选取样本数为 500，表 2.4 给出了分步式算法与 mRMR、CMIM、MIFS、JMI 等基于互信息的特征选择算法的比较结果。

表 2.4　Friedman 数据集特征选择结果

特征选择方法	特征选择结果	特征选择方法	特征选择结果
mRMR	X_4, X_2, X_1, X_5, X_6	JMI	$X_4, X_2, X_1, X_5, X_{12}$
CMIM	X_4, X_2, X_1, X_5, X_6	分步式算法	X_4, X_2, X_1, X_3, X_5
MIFS	X_4, X_2, X_1, X_5, X_6		

由表 2.4 可知，mRMR、CMIM 以及 MIFS 三种算法选择的特征子集结果一致，均得到了 4 个相关特征和 1 个无关特征，JMI 算法选出了 4 个相关特征和 1 个冗余特征，而分步式算法则将全部 5 个相关特征选出，成功避免了无关特征和冗余特征的影响。

（2）Gas Furnace 多元时间序列特征选择及预测建模

Gas Furnace 是常用的一组多元时间序列数据，输入为气体速率 $u(t)$，输出为 CO_2 的浓度 $y(t)$。对两个序列进行相空间重构，设置延迟时间为 1，嵌入维数分别为 6 和 4，可以得到十维输入特征

$$X = \{u(t-6), \cdots, u(t-1), y(t-4), \cdots, y(t-1)\} \tag{2.11}$$

单步预测的输出为

$$Y = \{y(t)\} \tag{2.12}$$

对 Gas Furnace 数据进行分步式特征选择，并分别采用原 RBF 神经网络和

优化的 RBF 神经网络进行预测。分步式算法对 Gas Furnace 数据的预测结果如图 2.3 所示,预测模型为优化的 RBF 神经网络。

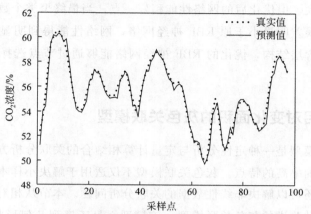

图 2.3　分步式算法对 Gas Furnace 数据集的预测结果

仿真结果对比如表 2.5 所示。其中,C 为 K 均值聚类的中心个数,k 为优化后 RBF 神经网络的隐含层节点个数。由表 2.5 可以得到以下三点结论:

表 2.5　Gas Furnace 数据集特征选择结果及预测误差比较

特征选择方法	特征选择结果	优化的 RBF 神经网络 RMSE($C=13, k=10$)	原 RBF 神经网络 1 RMSE($C=13$)	原 RBF 神经网络 2 RMSE($C=10$)
对比项	全变量	1.2483	0.9080	1.3175
mRMR	$y(t-1), u(t-5),$ $u(t-6), y(t-2)$	0.4972	0.5111	0.7353
CMIM	$y(t-1), u(t-5),$ $u(t-6), u(t-4)$	0.6409	0.6974	0.6488
MIFS	$y(t-1), u(t-5),$ $u(t-1), y(t-4)$	0.6491	0.6518	0.7091
JMI	$y(t-1), u(t-5),$ $u(t-6), y(t-2)$	0.4972	0.5111	0.7353
分步式算法	$y(t-1), u(t-6),$ $y(t-2), y(t-3)$	0.4058	0.4554	0.4448

ⅰ.与全部特征所构成的预测模型相比,特征选择后模型的预测误差明显减小,说明特征选择不仅能够降低数据维数,而且能够提高模型的预测性能。

ⅱ.分步式算法在三种不同的网络结构下均得到了最小的均方根误差,进一步验证了分步式特征选择算法的有效性。

ⅲ. 对比三种不同的网络结构可以看出, 当初始聚类个数相同时, 网络的整体性能变化不大, 但优化后的网络性能稍好一点; 当最终聚类个数相同时, 优化后的网络预测误差明显小于原 RBF 神经网络, 网络性能得到明显提高。这说明对于相同的隐含层结构, 优化的 RBF 神经网络能够通过节点选择得到更有意义的基函数中心。

2.3　基于相对变化面积的灰色关联模型

灰色关联模型是一种定性分析与定量计算相结合的关联分析方法, 具有计算简单方便, 准确率高的特点。灰色关联模型不仅适用于解决小样本数据的关联分析问题, 而且还可以解决非线性数据的关联分析问题。本节从相对变化面积角度出发, 介绍一种改进的灰色关联模型。该模型立足于序列几何形状的相似程度, 通过比较两序列相对面积的变化情况, 来反映两序列变化趋势的相似程度, 并以此定义灰色关联系数, 同时利用局部灰色关联系数的平均值来衡量整体的相似性, 定义灰色关联模型。此外, 为了更好地选择出有用特征和实现对多元时间序列的预测, 本节介绍一种前向式的特征选择及预测模型。最后, 通过仿真实例验证方法的有效性。

2.3.1　模型建立

灰色关联模型主要用于解决"部分信息已知、部分信息未知"的灰色系统数据分析问题[22]。对于物理模型和运行规律难以确定的系统, 使用灰色关联分析可以使系统中的数据模式化和序列化, 进而可以建立数据间的灰色关联模型。灰色关联模型是一种基于序列曲线变化趋势来判断序列间关联程度的方法, 其基本思想是通过比较各自变量(比较序列)与因变量(参考序列)间序列曲线几何形状的相似程度(或相近程度)来判断序列间的关联程度, 几何形状越相似(或几何距离越相近), 则关联度越大, 反之则关联度越小[23]。

灰色绝对关联度模型[23] 以两序列间所夹面积的大小作为序列间关联度大小的判断依据, 是一种典型的基于面积的灰色关联模型。对于自变量(比较序列) x_i 和因变量(参考序列) Y, 其中 $x_i = [x_i(1), \cdots, x_i(N)]$, $Y = [y(1), \cdots, y(N)]$。首先, 使用始点零化算子 D 对两序列进行无量纲处理, 得到序列始点零化像为

$$x_i^0 = x_i D = [x_i^0(1), \cdots, x_i^0(N)] = [x_i(1)d, \cdots, x_i(N)d]$$

$$Y^0 = YD = [y^0(1), \cdots, y^0(N)] = [y(1)d, \cdots, y(N)d] \tag{2.13}$$

其中，$x_i^0(k) = x_i(k)d = x_i(k) - x_i(1)$，$y^0(k) = y(k)d = y(k) - y(1)$，$k = 1$, $2, \cdots, N$。

然后，利用序列间所夹面积大小，定义灰色关联模型

$$\gamma(\boldsymbol{Y}, \boldsymbol{x}_i) = \frac{1 + |s_0| + |s_1|}{1 + |s_0| + |s_1| + |s_1 - s_0|} \tag{2.14}$$

其中

$$|s_0| = \left| \sum_{k=2}^{N-1} y^0(k) + \frac{1}{2} y^0(N) \right|$$

$$|s_1| = \left| \sum_{k=2}^{N-1} x_i^0(k) + \frac{1}{2} x_i^0(N) \right|$$

$$|s_1 - s_0| = \left| \sum_{k=2}^{N-1} [x_i^0(k) - y^0(k)] + \frac{1}{2} [x_i^0(N) - y^0(N)] \right|$$

为了进一步提高灰色绝对关联度模型关联分析的准确性和可解释性，Liu 等从相似性角度出发对灰色绝对关联度模型进行了改进，提出了一种灰色相似关联度模型[24]。灰色相似关联度模型的计算公式为

$$\gamma(\boldsymbol{Y}, \boldsymbol{x}_i) = \frac{1}{1 + |s_1 - s_0|} \tag{2.15}$$

虽然上述两种模型应用较为广泛，但其仍然具有很多不可忽视的局限性。如图 2.4 所示，在 $[k, k+1]$ 区间，$\boldsymbol{Y}$ 和 $\boldsymbol{x}_i$ 存在上下波动，此时两序列所围成的面积可以分为符号相反的 s_1 和 s_2 两部分。因此，当利用上述两种基于有向面积的灰色关联模型计算两序列在 $[k, k+1]$ 区间所夹面积时，会出现正负面积相互抵消的现象，这使得关联分析的准确性大大降低。为此，王靖程等[25] 和刘震等[26] 均利用先取绝对值后积分的思想对其进行改进，有效地提高

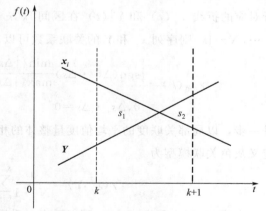

图 2.4　序列曲线示意图

了关联分析的准确性。但这两种改进模型在计算关联系数过程中，需要根据两序列曲线空间位置关系的不同而采用不同的计算公式，计算思路较为复杂。此外，对于王靖程等所提改进模型，其关联度计算结果的好坏依赖于分辨系数 ρ 的取

值，且当自变量序列组中的一个自变量发生改变时，其他自变量与因变量的关联度计算结果也会随之发生改变；而对于刘震等所提改进模型，其不能反映序列间的负相关关系，且不能对序列几何形状的相似性进行有效的表达。

基于上述分析，本节从相对变化面积角度出发，提出一种改进的灰色关联模型——基于相对变化面积的灰色关联模型。该模型立足于序列几何形状的相似程度，以序列几何曲线的相对变化面积计算序列的局部关联度，定义关联系数，并以序列关联系数的平均值度量整体的相似性，定义灰色关联度模型。

对于 1-时距序列 x_i，设其始点零化像为 $x_i^0 = x_i D = [x_i^0(1), \cdots, x_i^0(N)]$，则序列 x_i^0 在区间 $[k, k+1]$ 上所对应的折线可以表示为 $x_i^0(t)$，其中 $t \in [k, k+1], k = 1, 2, \cdots, N-1$。在区间 $[k, k+1]$ 上，折线 $x_i^0(t)$ 的面积变化量可以表示为

$$\Delta s_i(k) = \int_k^{k+1} x_i^0(t) - x_i^0(k) \mathrm{d}t \tag{2.16}$$

进一步，在区间 $[k, k+1]$ 上，上式积分过程可以视为求取一条直角边长度为 1 的直角三角形的面积，因此式(2.16) 可以进一步表示为

$$\Delta s_i(k) = \frac{1}{2}(x_i^0(k+1) - x_i^0(k)), k = 1, 2, \cdots, N-1 \tag{2.17}$$

对于自变量序列 x_i 和因变量序列 Y，设 $\Delta s_i(k)$ 和 $\Delta s(k)$ 为其始点零化像所对应的折线 $x_i^0(t)$ 和 $Y^0(t)$ 在区间 $[k, k+1]$ 上的面积变化量，其中 $k = 1, 2, \cdots, N-1$，则序列 x_i 和 Y 的关联系数可以表示为

$$\gamma_{i,0}(k) = \begin{cases} \mathrm{sgn}(\Delta s_i \cdot \Delta s) \dfrac{\min\{|\Delta s_i|, |\Delta s|\}}{\max\{|\Delta s_i|, |\Delta s|\}}, \Delta s_i \cdot \Delta s \neq 0 \\ 0, \Delta s_i \cdot \Delta s = 0 \end{cases} \tag{2.18}$$

进一步，以局部关联度的平均值度量整体的相似性，计算序列 x_i 和 Y 的关联度，定义灰色关联模型为

$$\gamma(x_i, Y) = \frac{1}{N-1} \sum_{k=1}^{N-1} \gamma_{i,0}(k) \tag{2.19}$$

由式(2.18) 和式(2.19) 可以看出，采用相对变化面积之比的形式定义关联系数，使得关联系数的正负、大小等只与序列曲线的几何形状有关，与其空间相对位置等均无关。因此，改进的灰色关联模型可以有效克服现有模型在积分过程中可能出现的正负面积相互抵消的现象。同时，该模型还可以对序列间的负相关关系进行度量。

2.3.2　基本性质

可以证明，基于相对面积的改进灰色关联模型满足以下性质。

性质 1　规范性原则。由式（2.18）和式（2.19）可知，改进灰色关联模型的关联系数满足：$0 \leqslant |\gamma_{i,0}(k)| \leqslant 1$。当且仅当两序列曲线的面积变化量绝对值相同时，$|\gamma_{i,0}(k)| = 1$。由于所提灰色关联模型采用关联系数的平均值计算系统关联度，因此，$0 \leqslant \gamma(\boldsymbol{x}_i, \boldsymbol{Y}) \leqslant 1$，即所提灰色关联模型满足规范性原则。

性质 2　偶对称性原则。对于自变量 $\boldsymbol{x}_i$ 和因变量 $\boldsymbol{Y}$，由关联系数定义式（2.18）可以看出，其满足 $\gamma_{i,0}(k) = \gamma_{0,i}(k)$，因此，所提灰色关联模型满足 $\gamma(\boldsymbol{x}_i, \boldsymbol{Y}) = \gamma(\boldsymbol{Y}, \boldsymbol{x}_i)$，即改进灰色关联模型满足偶对称性原则。

性质 3　相似性原则。由式（2.18）和式（2.19）可知，若序列几何形状越相似，则序列在单位时间内的面积变化量越接近，关联系数和关联度越大。因此，改进灰色关联模型满足接近性原则。

性质 4　改进灰色关联模型关联度的大小只与序列曲线的几何形状有关，与其空间相对位置和距离等均无关。这是因为改进灰色关联模型关联度的大小、正负只与序列曲线的相对变化面积有关，而相对变化面积只与序列曲线的几何形状有关。

2.3.3　基于集合思想的特征选择及预测模型

对于多元时间序列，其高维特性在带来更多信息的同时，也会产生无关和冗余变量。而无关和冗余信息的产生不仅增大了后续模型的规模，而且还降低了模型的预测精度和效率。因此，合理地分析变量间的相互关系，进而选择合适的输入变量是十分必要的。

目前，在灰色关联模型领域，常用的特征选择算法为阈值法[27]，即首先使用灰色关联分析对变量间的相关性进行分析，计算关联度，然后根据关联度计算结果对变量进行排序，最后根据预先设定的变量个数或关联度阈值对输入变量进行选择。但是，灰色关联模型的总体性指出：灰色关联模型强调的是序列间的一个相对距离（或相对变化趋势），即灰色关联模型的重点并不是计算序列间关联度的具体数值，而是通过计算关联度对序列进行相关性排序。同时，灰色关联模型的非唯一性指出：灰色关联模型的计算结果并不是一成不变的，其会随着参考序列和比较序列的不同、无量纲处理方法的不同以及系数选择的不同而不同。因此，如果只是单纯地依靠人为设定的变量个数或关联度阈值对变量进行选择时，其选择出来的可能不是最优的变量，且选择结果具有很大的局限性和不确定性。

此外，郭基联等[28]指出，灰色关联度只反映了各自变量独自与因变量的关联程度，这是一种孤立的、处于"分割"状态的关联度，它不能衡量一个自变量通过其他自变量的传递作用而对因变量产生的解释作用。而实际上在多元回归分析中，这种解释作用正是自变量间多重相关性的具体体现，割裂了自变量之间的传递关系，也就从根源上否定了自变量间的多重相关性。因此，若只根据自变量（比较序列）与因变量（参考序列）间的相关性，没有考虑自变量间的相关性，单纯利用一个阈值进行输入变量选择，可能会删除有用信息或导致冗余的产生。

基于上述分析，本节介绍一种基于集合思想的特征选择及预测模型，算法流程如图 2.5 所示。对于给定的自变量 $X \in \mathbb{R}^{N \times p}$ 和因变量 $Y \in \mathbb{R}^{N \times q}$，算法的具体步骤如下。

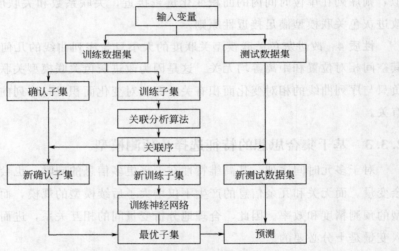

图 2.5　混合式特征选择和预测模型算法流程图

步骤一　数据预处理。将输入数据划分为两部分，即训练数据集和测试数据集，其中训练数据集又可以进一步划分为训练子集和确认子集。训练子集用于数据的相关性分析和排序；确认子集用于最优子集的选择；测试数据集则用于测试最优子集的预测效果。

步骤二　相关性排序。利用改进的灰色关联模型对训练子集进行相关性分析，得到训练子集的关联序，并根据相关性强弱对确认子集和测试数据集进行重新排序，得到新的数据集。

步骤三　生成最优子集。基于集合的思想，特征选择及预测模型可以划分为如下几个部分：

ⅰ.初始化特征子集，即 $\boldsymbol{\varGamma}=\{s(1)\}$，同时令 $i=1$；

ⅱ.利用所得特征子集，对因变量进行预测，得到预测误差 $\varepsilon(i)$；

ⅲ.对特征子集进行更新，得到新的特征子集 $\boldsymbol{\varGamma}=\boldsymbol{\varGamma}+\{s(i+1)\}$，同时使用更新后的特征子集进行预测，得到新的预测误差 $\varepsilon(i+1)$，重复进行 ⅰ～ⅲ，直至 $i=p$；

ⅳ.比较不同特征子集所得的预测误差，选择预测误差最小或者预测误差基本保持不变时的特征子集作为所选的最优子集。

步骤四　检验阶段。利用测试数据集检验最优子集的预测效果。

2.3.4　仿真实例

为验证基于相对变化面积的改进灰色关联模型的有效性，本节采用大连市气象数据集进行仿真。同时，将基于集合思想的特征选择及预测模型应用于大连市气温时间序列预测，从而实现多元时间序列的特征选择及预测建模。大连市气象数据集包含月平均风速、日照百分比、气压、降雨量、相对湿度以及气温六维变量，共计 715 组样本。选取气温作为因变量 Y，其余五维变量作为自变量，依次表示为 x_1、x_2、x_3、x_4 和 x_5。对大连市气象数据集进行数据分组，选取前530 组样本作为训练数据集，其中前 390 组样本作为训练子集，用于变量的相关性排序，后 140 组样本作为确认子集，用于最优子集选择；剩余 185 组样本作为测试数据集，用于最优子集的评价。

对风速、日照百分比、气压、降雨量和相对湿度与气温之间的相关性进行定性分析。根据先验信息，大连属于暖温带季风气候，降雨集中在夏秋季节，且此时气温相对较高，空气湿度较大，因此降雨量、湿度与气温之间存在正相关关系；根据"热低压冷高压"可知，夏秋季节气温高，气压较低，因此气压与气温之间存在负相关关系；此外，风速能够增加空气的流动速度，在一定程度上降低气温，但影响不大，因此风速与气温之间存在负相关；而日照百分比表示实际日照时间与理论日照时间的比值，比值大小基本不受温度影响。

仿真实验中，分别采用邓氏关联度模型[22]、灰色绝对关联度模型[23]、灰色相似关联度模型[24]、基于面积的改进关联度模型[25] 和基于相对变化面积的灰色关联模型[29] 对大连市气象数据集进行定量分析，结果如表 2.6 所示，其中 γ_1、γ_2、γ_3、γ_4 和 γ_5 分别表示 x_1、x_2、x_3、x_4、x_5 与 Y 之间的关联度大小，"—"表示负相关关系。此外，灰色相似关联度模型的数值单位为 1E-04，其他几种模型的数值单位均为 1E-0。

表 2.6　大连市气象数据集的灰色关联度计算结果

算法	γ_1	γ_2	γ_3	γ_4	γ_5
邓氏关联度	0.7006	0.7123	0.7240	0.7325	0.6726
灰色绝对关联度	0.5350	0.5247	0.5000	0.5000	0.7513
灰色相似关联度	0.9569	0.9655	0.4304	0.8684	0.9274
基于面积的改进关联度模型	0.8957	0.8945	0.7925	0.8831	0.8110
基于相对变化面积的灰色关联模型	−0.0355	−0.0338	−0.5425	0.0741	0.2199

　　由表 2.6 可知，本节所提模型的关联度计算结果不仅包含正相关关系，而且包含负相关关系，而其他几种模型对变量间的相关性均做出了正相关的判断。由上述定性分析可知，气温受风速和日照百分比的影响不大，它们之间的相关性应该较弱，而由表 2.6 所示的关联度排序结果可知，灰色绝对关联度模型、灰色相似关联度模型和基于面积的改进关联度模型均对其做出了相关性较大的判断，这显然与实际情况不符。而在本节所提模型的关联序中，气温与风速和日照百分比之间的关联度不仅在数值上最小，而且在正负关系上也为负相关，与上述定性分析相符。因此，基于大连市气象数据集的仿真结果验证了改进灰色关联模型的有效性。

　　为了更好地对输入变量进行选择，基于改进灰色关联模型的分析结果，利用前向特征选择算法剔除无关和冗余特征，并选取极限学习机[30] 作为预测模型。最优子集的选择结果如图 2.6 所示，具体预测误差如表 2.7 所示。

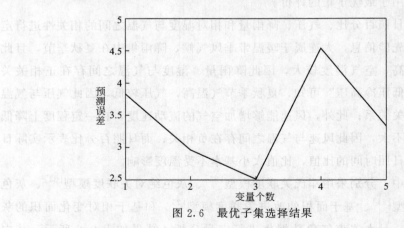

图 2.6　最优子集选择结果

表 2.7　基于不同特征子集的预测误差

变量维数	1	2	3	4	5
RMSE	3.7299	2.8602	2.3682	4.7653	3.3340

由图 2.6 和表 2.7 可知，当特征子集包含三维变量时，预测误差取得最小值，并且随着维数的增加，模型的预测误差明显增加。因此，选择前三维变量作为最优子集。为了进一步验证所选最优子集的预测性能，使用测试数据集进行测试，将阈值法[27] 以及 mRMR 算法[7] 应用于仿真实验中，其中阈值法的关联度阈值依次选取为 0.1000、0.3000 和 0.5000。

由表 2.8 可知，对于阈值法，当使用不同的阈值进行特征选择时，特征选择结果可能是相同的。同时，阈值的选择缺乏理论依据，且特征选择结果不能保证预测结果最优。因此，阈值法的选择结果具有很大的不确定性和随机性。对于 mRMR 算法的特征选择结果，其最优子集中包含四维变量，而本节所提的特征选择及预测模型的最优子集中仅包含三维变量，并且预测误差也明显小于其他几种算法，这充分说明了本节所提算法的有效性。

表 2.8　大连市气温时间序列预测误差

特征选择算法	阈值	最优子集	RMSE
阈值法	0.1000	x_3, x_5	2.9354
	0.3000	x_3	3.8300
	0.5000	x_3	3.8300
mRMR	0	x_3, x_4, x_1, x_5	2.7517
本节方法	0	x_3, x_5, x_4	2.5462

2.4　基于向量的灰色关联模型

基于距离的灰色关联模型以点与点之间的距离作为判断序列间关联程度的标准，当输入数据间点与点之间的距离比较分散时，这样的判断可能会产生较大的偏差。此外，传统的灰色关联模型不能够直接应用于矢量数据间的相关性分析。为此，出现了一种基于向量的灰色关联模型，并应用于实际数据集的特征选择和预测建模。

2.4.1　基于向量的改进灰色关联模型

很多灰色关联模型以序列中的点作为研究对象，以点与点之间的距离作为判断序列间关联程度的依据。虽然以序列间点与点之间的距离作为判断依据使得这些模型计算简单方便，但在很多情况下，这样的分析结果往往是不准确的，不能有效反映序列间的变化趋势。此外，矢量数据是实际生活中常常用到的一类数据，然而对于现有的这些灰色关联模型，通常无法直接应用于矢量数据间的关联分析问题。

以邓氏关联度[22]为例，邓氏关联度模型是一种基于距离的灰色关联模型，也是目前应用最广的一种灰色关联模型。对于给定的1-时距，自变量 x_1、x_2 和因变量 Y，使用始点零化算子对数据进行无量纲处理，得到序列曲线，如图 2.7 所示。其中，$f(t)$ 表示 k 时刻 x_1、x_2 和 Y 的取值。

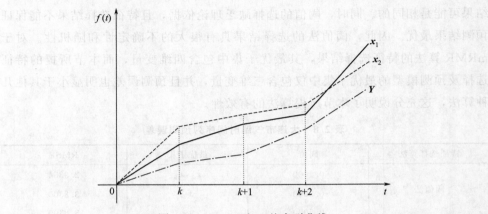

图 2.7 x_1、x_2 和 Y 的序列曲线

由于邓氏关联度模型是使用序列关联系数的平均值度量整体的相似性。因此，可以针对序列的每个区间单独进行讨论。如图 2.7 所示，在区间 $[k, k+1]$ 上，x_2 与 Y 具有完全相同的变化趋势，而 x_1 与 Y 的变化趋势存在一定的差异。因此，根据灰色关联分析的基本思想，可以推断 x_2 与 Y 之间的关联度高于 x_1 与 Y 之间的关联度，即 $x_2 > x_1$。然而，使用基于距离的邓氏关联度模型进行分析时，由图 2.7 可知，在点 k 和 $k+1$，x_2 与 Y 之间的距离均大于 x_1 与 Y 之间的距离。因此，基于邓氏关联度模型的分析结果为 $x_1 > x_2$。此外，在区间 $[k+1, k+2]$ 上，x_1 和 x_2 具有相同的变化趋势，但在点 $k+1$ 和 $k+2$，x_2 与 Y 之间的距离也均大于 x_1 与 Y 之间的距离，因此其关联分析的结果为 $x_1 > x_2$。显然，基于邓氏关联度模型的分析结果明显与实际不符。此外，对于矢量数据，邓氏关联度模型是无法直接对其进行分析的。为了解决上述问题，本节从向量投影的角度出发，提出一种基于向量的改进灰色关联模型。

对于给定的1-时距，自变量 $x_i = [x_i(1), \cdots, x_i(n)]$ 和因变量 $Y = [y(1), \cdots, y(n)]$ 如图 2.8 所示，通过连接序列中相邻的两点，可以得到一系列的二维向量，分别记为 $\boldsymbol{\alpha}_i$ 和 $\boldsymbol{\beta}$

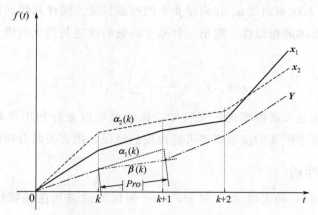

图 2.8　x_1、x_2 关于 Y 的投影映射

$$\boldsymbol{\alpha}_i = [\alpha_i(1), \alpha_i(2), \cdots, \alpha_i(N-1)]$$
$$\boldsymbol{\beta} = [\boldsymbol{\beta}(1), \boldsymbol{\beta}(2), \cdots, \boldsymbol{\beta}(N-1)] \tag{2.20}$$
$$\boldsymbol{\alpha}_i(k) = (1, x_i(k+1) - x_i(k))$$
$$\boldsymbol{\beta}(k) = (1, y(k+1) - y(k)) \tag{2.21}$$

其中，$k = 1, 2, \cdots, N-1$。此外，记向量 $\boldsymbol{\alpha}_i$ 在向量 $\boldsymbol{\beta}$ 上的投影为 Pro，通过向量投影原理，可以计算得到 Pro 的数值，其计算公式为

$$Pro(k) = \frac{\boldsymbol{\alpha}_i(k) \cdot \boldsymbol{\beta}(k)}{|\boldsymbol{\beta}(k)|} \tag{2.22}$$

式（2.22）可以进一步表示为

$$Pro(k) = \frac{\boldsymbol{\alpha}_i(k) \cdot \boldsymbol{\beta}(k)}{|\boldsymbol{\beta}(k)|} = \frac{1 + [x_i(k+1) - x_i(k)][y(k+1) - y(k)]}{\sqrt{1 + [y(k+1) - y(k)]^2}}$$

$$\tag{2.23}$$

根据灰色关联分析的基本原理可知，自变量 x_i 和因变量 Y 之间序列的变化趋势越相近，则其关联度越高。因此，当向量 $\boldsymbol{\alpha}_i$ 在向量 $\boldsymbol{\beta}$ 上的投影长度越接近向量 $\boldsymbol{\beta}$ 的模值时，x_i 和 Y 之间的相关性越高。因此，基于以上分析，本节提出一种基于向量的灰色关联模型，定义序列间的关联系数 $\gamma_{i,0}(k)$ 为

$$\gamma_{i,0}(k) = \frac{1 + |\boldsymbol{\alpha}_i(k)| + |\boldsymbol{\beta}(k)|}{1 + |\boldsymbol{\alpha}_i(k)| + |\boldsymbol{\beta}(k)| + |Pro(k) - |\boldsymbol{\beta}(k)||} \tag{2.24}$$

其中

$$|\boldsymbol{\alpha}_i(k)| = \sqrt{1 + [x_i(k+1) - x_i(k)]^2}$$
$$|\boldsymbol{\beta}(k)| = \sqrt{1 + [y(k+1) - y(k)]^2}$$

$|Pro(k)|$ 表示 k 时刻向量 $\boldsymbol{\alpha}_i$ 在向量 $\boldsymbol{\beta}$ 上的投影长度。同样利用局部关联系数的平均值来度量整体的相似性，提出一种基于向量的改进灰色关联模型，其关联度定义为

$$\gamma(\boldsymbol{x}_i, \boldsymbol{Y}) = \frac{1}{n-1} \sum_{k=1}^{n-1} \gamma_{i,0}(k) \qquad (2.25)$$

根据改进灰色关联模型的定义可知，该模型可以充分利用序列中的有用信息，有效避免基于距离的度量模型可能出现的错误，提高关联分析的准确性。

2.4.2 基本性质

根据式（2.24）和式（2.25）可知，基于向量的改进灰色关联模型满足以下性质：

性质1 基于向量的改进灰色关联模型满足规范性原则。由式（2.24）可知，$0 \leqslant \gamma_{i,0}(k) \leqslant 1$。此外，基于向量的改进灰色关联模型利用局部关联系数的平均值来度量整体的相似性，可得 $0 \leqslant \gamma(\boldsymbol{x}_i, \boldsymbol{Y}) \leqslant 1$。因此，该模型满足规范性原则。

性质2 基于向量的改进灰色关联模型满足相似性原则。根据向量投影原理可知，若两个向量之间的变化趋势越相似，则两个向量之间的夹角越小，式（2.24）的计算结果越接近于1。因此，对于给定的序列，其变化趋势越接近，则关联度就越高。因此，该模型满足相似性原则。

性质3 基于向量的改进灰色关联模型满足平行性原则。对于给定的 $\boldsymbol{x}_i$ 和 $\boldsymbol{Y}$，其中 $\boldsymbol{x}_i = [x_i(1), \cdots, x_i(N)]$，$\boldsymbol{Y} = [y(1), \cdots, y(N)]$，若其满足 $x_i(k) = y(k) + c$，其中 c 为常数，$k = 1, 2, \cdots, N$，则根据式（2.23）、式（2.24）和式（2.25）可知，序列间的关联度为1。因此，该模型满足平行性原则。

性质4 无量纲处理过程不影响关联分析的结果。对于给定 1-时距序列 $\boldsymbol{x}_i$ 和 $\boldsymbol{Y}$，为了方便后续的关联分析过程，首先使用始点零化算子 D 对数据进行无量纲处理，得到数据的始点零化像

$$\boldsymbol{x}_i^0 = \boldsymbol{x}_i D = [x_i^0(1), \cdots, x_i^0(N)] = [x_i(1)d, \cdots, x_i(N)d]$$

$$\boldsymbol{Y}^0 = \boldsymbol{Y}D = [y^0(1), \cdots, y^0(N)] = [y(1)d, \cdots, y(N)d]$$

其中，$x_i^0(k) = x_i(k)d = x_i(k) - x_i(1)$，$y^0(k) = y(k)d = y(k) - y(1)$。通过连接相邻的两点，可以得到一系列的向量 $\boldsymbol{\alpha}_i^0$ 和 $\boldsymbol{\beta}^0$

$$\boldsymbol{\alpha}_i^0 = [\boldsymbol{\alpha}_i^0(1), \boldsymbol{\alpha}_i^0(2), \cdots, \boldsymbol{\alpha}_i^0(N-1)]$$

$$\boldsymbol{\beta}^0 = [\boldsymbol{\beta}^0(1), \boldsymbol{\beta}^0(2), \cdots, \boldsymbol{\beta}^0(N-1)]$$

进一步，$\boldsymbol{\alpha}_i^0$ 可以表示为

$$\begin{aligned}
\boldsymbol{\alpha}_i^0(k) &= (1, x_i^0(k+1) - x_i^0(k)) \\
&= (1, (x_i(k+1) - x_i(1)) - (x_i(k) - x_i(1))) \\
&= (1, x_i(k+1) - x_i(k)) \\
&= \boldsymbol{\alpha}_i(k)
\end{aligned}$$

同理可得 $\boldsymbol{\beta}^0 = \boldsymbol{\beta}$，显然其满足 $\gamma(x_i^0, Y^0) = \gamma(x_i, Y)$。因此，对于该模型，无量纲处理过程不会改变关联度的分析结果。

此外，还可以证明，基于向量的改进灰色关联模型关联度的大小只与序列的几何形状有关，与序列间的相对位置和距离等均无关。

2.4.3　仿真实例

为验证基于向量的改进灰色关联模型的有效性，利用 San Francisco 河流径流量数据集进行仿真实验。同时，利用 2.3.3 提出的基于集合思想的特征选择及预测模型，实现多元时间序列的预测。此外，本节将基于向量的改进灰色关联模型与邓氏关联度模型[22]、灰色相似关联度模型[24] 和基于面积的改进关联度模型[25] 进行对比。

San Francisco 河流径流量数据集包含自 1932 年 1 月至 1966 年 12 月共计 420 个月的月平均气温 $x(t)$、月平均降雨量 $y(t)$ 和月平均河流径流量 $z(t)$ 三维时间序列。对时间序列进行相空间重构，选取嵌入维数为 $m=12$，延迟时间为 $\tau=1$。经过相空间重构，可以得到三十六维的输入变量。应用基于集合思想的特征选择及预测模型，验证不同灰色模型关联分析的准确性。表 2.9 给出了基于不同灰色关联模型的相关性分析结果。

表 2.9　基于不同灰色关联模型的相关性分析结果

灰色关联模型	相关性排序
邓氏关联度模型	$x(t-11)y(t-8)y(t-9)y(t-11)y(t)y(t-10)y(t-7)y(t-6)$ $y(t-1)y(t-4)y(t-5)z(t-5)z(t-4)x(t-9)z(t-11)$
灰色相似关联度模型	$x(t-8)x(t-11)x(t-3)x(t-1)x(t)x(t-2)y(t-6)z(t-3)$ $x(t-9)z(t-4)z(t-5)z(t-1)y(t)x(t-7)z(t-10)$
基于面积的改进关联度模型	$x(t-11)x(t-8)x(t-1)x(t)x(t-9)x(t-3)x(t-2)x(t-10)$ $x(t-7)y(t-6)y(t-5)y(t-4)y(t)y(t-7)y(t-1)$
基于向量的灰色关联模型	$x(t)x(t-5)x(t-11)x(t-1)x(t-4)x(t-6)x(t-9)x(t-10)$ $x(t-7)x(t-8)x(t-3)x(t-2)y(t-3)y(t-4)y(t-7)$

基于表 2.9 给出的不同灰色关联模型的相关性分析结果,根据确认子集选择预测效果最优的输入变量集合。基于不同灰色关联模型的最优子集预测误差曲线如图 2.9 所示,其中图(a)、(b)、(c)和(d)分别表示基于邓氏关联度模型、灰色相似关联度模型、基于面积的改进关联度模型和基于向量的灰色关联模型的预测误差曲线。进一步,利用测试数据集验证不同灰色关联模型所选择出来的最优子集的预测效果,具体的预测误差如表 2.10 所示。

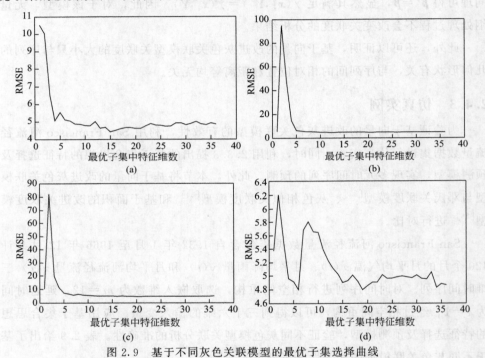

图 2.9　基于不同灰色关联模型的最优子集选择曲线

表 2.10　基于不同灰色关联模型的预测结果

灰色关联模型	最优子集特征维数	RMSE	VAR
邓氏关联度模型	15	6.3174	0.0788
灰色相似关联度模型	7	6.6990	0.5096
基于面积的改进关联度模型	7	6.9318	0.4045
基于向量的灰色关联模型	6	6.1473	0.2249

根据图 2.9 和表 2.10 可知,基于向量的灰色关联模型所选择出来的最优子集,其所包含的特征维数小于其他模型最优子集所包含的特征维数,同时该模型可以得到最好的预测精度,这说明了本节所提模型的有效性。此外,与灰色相似

关联度模型和基于面积的改进关联度模型相比，该模型不仅可以得到较少的最优子集特征维数，同时可以获得更高的预测精度。与邓氏关联度模型相比，虽然两种算法具有接近的预测误差，但所提模型的最优子集特征维数明显小于邓氏关联度模型，说明该模型可以更加有效地分析特征之间的相关性，从而提取出最重要的信息。采用基于向量的灰色关联模型选择的最优子集，San Francisco 河流径流量时间序列的预测曲线如图 2.10 所示。由图 2.10 可知，预测曲线能够较好地拟合实际曲线的变化趋势，取得较理想的预测效果。

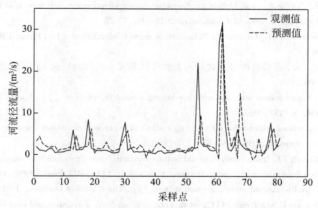

图 2.10　San Francisco 河流径流量预测曲线

参考文献

[1]　Li J, Cheng K, Wang S, et al. Feature selection: A data perspective [J]. ACM Computing Surveys (CSUR), 2018, 50 (6): 94.

[2]　姚旭, 王晓丹, 张玉玺, 等. 特征选择方法综述 [J]. 控制与决策, 2012, 27 (2): 161-166.

[3]　Mukhopadhyay A, Maulik U, Bandyopadhyay S, et al. A survey of multiobjective evolutionary algorithms for data mining: Part I [J]. IEEE Transactions on Evolutionary Computation, 2013, 18 (1): 4-19.

[4]　Cai J, Luo J, Wang S, et al. Feature selection in machine learning: A new perspective [J]. Neurocomputing, 2018, 300: 70-79.

[5]　Urbanowicz R J, Meeker M, La Cava W, et al. Relief-based feature selection: Introduction and review [J]. Journal of Biomedical Informatics, 2018, 85: 189-203.

[6]　Jain I, Jain V K, Jain R. Correlation feature selection based improved-binary particle swarm optimization for gene selection and cancer classification [J]. Applied Soft Computing, 2018, 62: 203-215.

[7]　Peng H, Long F, Ding C. Feature selection based on mutual information: criteria of max-dependency, max-relevance, and min-redundancy [J]. IEEE Transactions on Pattern Analysis and Machine Intelligence, 2005 (8): 1226-1238.

[8]　Dash M, Liu H. Consistency-based search in feature selection [J]. Artificial Intelligence, 2003, 151 (1-2): 155-176.

［9］ Guyon I, Weston J, Barnhill S, et al. Gene selection for cancer classification using support vector machines ［J］.Machine Learning, 2002, 46（1）: 389-422.

［10］ Zhang Y, Wang S, Phillips P, et al. Binary PSO with mutation operator for feature selection using decision tree applied to spam detection ［J］. Knowledge-Based Systems, 2014, 64: 22-31.

［11］ Wang A, An N, Chen G, et al. Accelerating wrapper-based feature selection with K-nearest-neighbor ［J］. Knowledge-Based Systems, 2015, 83: 81-91.

［12］ Kotsiantis S B. Decision trees: a recent overview ［J］. Artificial Intelligence Review, 2013, 39（4）: 261-283.

［13］ Apolloni J, Leguizamón G, Alba E. Two hybrid wrapper-filter feature selection algorithms applied to high-dimensional microarray experiments ［J］. Applied Soft Computing, 2016, 38: 922-932.

［14］ Hu Z, Bao Y, Xiong T, et al. Hybrid filter-wrapper feature selection for short-term load forecasting ［J］.Engineering Applications of Artificial Intelligence, 2015, 40: 17-27.

［15］ Kraskov A, Stögbauer H, Grassberger P. Estimating mutual information ［J］. Physical Review E, 2004, 69（6）: 066138.

［16］ 韩敏, 刘晓欣.基于互信息的分步式输入变量选择多元序列预测研究［J］.自动化学报, 2012, 38（6）: 999-1006.

［17］ Fleuret F. Fast binary feature selection with conditional mutual information ［J］. Journal of Machine Learning Research, 2004, 5: 1531-1555.

［18］ Battiti R. Using mutual information for selecting features in supervised neural net learning ［J］. IEEE Transactions on Neural Networks, 1994, 5（4）: 537-550.

［19］ Yang H H, Moody J E. Data visualization and feature selection: new algorithms for nongaussian data ［C］.Advances in Neural Information Processing Systems, Cambridge, MA: MIT Press, 1999: 687-693.

［20］ Friedman J H. Multivariate adaptive regression splines ［J］. The Annals of Statistics, 1991, 19（1）: 1-67.

［21］ Box G E P, Jenkins G M, Reinsel G C, et al. Time series analysis: forecasting and control ［M］. John Wiley & Sons, 2015.

［22］ Deng J L. Introduction to grey system theory ［J］. The Journal of Grey System, 1989, 1（1）: 1-24.

［23］ Liu S, Yang Y, Cao Y, et al. A summary on the research of GRA models ［J］. Grey Systems: Theory and Application, 2013, 3（1）: 7-15.

［24］ Liu S, Xie N, Forrest J. Novel models of grey relational analysis based on visual angle of similarity and nearness ［J］. Grey Systems: Theory and Application, 2011, 1（1）: 8-18.

［25］ 王靖程, 诸文智, 张彦斌.基于面积的改进灰关联度算法［J］.系统工程与电子技术, 2010（4）: 777-779.

［26］ 刘震, 党耀国, 周伟杰, 等.新型灰色接近关联模型及其拓展［J］.控制与决策, 2014, 29（6）: 1071-1075.

［27］ 苏博, 刘鲁, 杨方廷.基于灰色关联分析的神经网络模型［J］.系统工程理论与实践, 2008, 28（9）: 98-104.

［28］ 郭基联, 董彦非, 张恒喜.灰色关联度分析在变量筛选应用中的误区［J］.系统工程理论与实践, 2002, 22（11）: 126-128.

［29］ 韩敏, 张瑞全, 许美玲.一种基于改进灰色关联分析的变量选择算法［J］.控制与决策, 2017, 32（9）: 1647-1652.

［30］ Ding S, Zhao H, Zhang Y, et al. Extreme learning machine: algorithm, theory and applications ［J］.Artificial Intelligence Review, 2015, 44（1）: 103-115.

第3章

混沌时间序列的因果关系分析方法

混沌时间序列的因果关系分析是数据挖掘领域的研究热点。在实际系统中，多个变量之间存在着复杂且未知的影响关系。通过对多个变量进行因果关系分析，挖掘复杂系统潜在的有用信息，解释复杂系统的演化规律，对系统未来趋势进行预测或干预，具有重要的现实意义。本章首先概述混沌时间序列的因果关系分析方法，对比分析不同类型的因果分析方法，最后介绍 Granger 因果关系分析的改进算法及其应用。

3.1 混沌时间序列的因果关系分析方法概述

因果关系是指一个系统与另一个系统的作用关系，其中第一个系统是第二个系统的部分原因，第二个系统部分依赖于第一个系统。与传统的相关分析方法不同，因果分析可以识别直接的、不对称的关系，更适合分析复杂的多变量混沌系统。常用的因果分析方法有 Granger 因果关系分析、基于信息理论的因果分析和基于状态空间的因果分析等。

3.1.1 Granger 因果关系分析

Granger 因果（Granger causality，GC）模型[1] 由诺贝尔经济学奖得主 C. W. J. Granger 于 1969 年首次提出。该方法是一种评价二元时间序列之间是否存在相互作用的因果关系分析方法。Granger 因果关系分析方法基于可预测的思想：对于两个时间序列，如果一个时间序列未来时刻的预测误差，能够通过引入另一个时间序列的历史信息而减小，则称第二个时间序列对第一个时间序列具有因果影响。Granger 因果分析方法基于向量自回归（vector autoregressive，VAR）模型的基础之上，建立如下所示的两个 VAR 模型

$$Y_t = \sum_{i=1}^{p} \alpha_i Y_{t-i} + \varepsilon_{Y,t} \tag{3.1}$$

$$Y_t = \sum_{i=1}^{p} a_i X_{t-i} + \sum_{i=1}^{p} b_i Y_{t-i} + \varepsilon_{Y|X,t} \qquad (3.2)$$

式中，α_i、a_i 和 b_i 为模型的系数；p 为模型的阶数；ε_Y 和 $\varepsilon_{Y|X}$ 为模型的残差。根据回归预测结果，通过比较 VAR 模型残差的方差大小，判断 $X \rightarrow Y$ 是否存在 Granger 因果关系，Granger 因果指数（Granger causality index，GCI）定义为

$$\text{GCI}_{X \rightarrow Y} = \ln \frac{\text{var}(\varepsilon_Y)}{\text{var}(\varepsilon_{Y|X})} \qquad (3.3)$$

如果满足 $\text{var}(\varepsilon_{Y|X}) < \text{var}(\varepsilon_Y)$，即 $\text{GCI}_{X \rightarrow Y} > 0$，表明 $X \rightarrow Y$ 存在统计意义下的 Granger 因果关系。采用类似步骤，可以对 $Y \rightarrow X$ 进行 Granger 因果检验。需要特别注意，进行 Granger 因果关系分析的前提是时间序列为平稳序列，否则可能出现虚假因果。

由于传统的 Granger 因果分析方法建立在线性模型的基础上，不能识别非线性因果关系，并且该方法没有考虑条件变量的影响，仅能实现二元时间序列的因果关系分析，具有一定的局限性。因此，学者们针对 Granger 因果方法，提出了大量改进模型。

传统 Granger 因果模型将多变量问题简化为多个二变量问题，因此没有考虑条件变量的影响，容易产生虚假因果关系。为了解决上述问题，国内外学者提出了一系列改进方法，可以分为基于模型和无模型两种类型。基于模型的方法通过建立包含条件变量的向量自回归模型，从而实现多变量的 Granger 因果关系分析。Geweke[2] 将条件变量加入到 VAR 模型，提出了条件 Granger 因果（conditional Granger causality，CGC）模型，可以区分直接因果关系和间接因果关系。其形式为

$$Y_t = \sum_{i=1}^{p} \alpha_i Y_{t-i} + \sum_{i=1}^{p} \beta_i Z_{t-i} + \varepsilon_{Y|Z,t} \qquad (3.4)$$

$$Y_t = \sum_{i=1}^{p} a_i X_{t-i} + \sum_{i=1}^{p} b_i Y_{t-i} + \sum_{i=1}^{p} c_i Z_{t-i} + \varepsilon_{Y|XZ,t} \qquad (3.5)$$

式中，Z 表示条件变量。条件 Granger 因果指数（conditional Granger causality index，CGCI）定义为

$$\text{CGCI}_{X \rightarrow Y|Z} = \ln \frac{\text{var}(\varepsilon_{Y|Z})}{\text{var}(\varepsilon_{Y|XZ})} \qquad (3.6)$$

此外，Chen 等人提出了一种非线性多变量 Granger 因果模型，即条件扩展

Granger 因果 （conditional extended Granger causality，CEGC） 模型[3]，应用于多元混沌时间序列的因果分析。Siggiridou 等人[4] 采用改进的逆向时间选择（modified backward-in-time selection，mBTS） 方法限制 VAR 模型的阶数，提出了一种限制条件 Granger 因果模型。该方法能够有效提升 Granger 因果分析的准确性，并成功应用于高维时间序列的因果分析。

　　然而，上述方法需要对多变量系统中的任意两个变量进行因果关系分析，具有较高的计算复杂度。因此，为了降低多变量因果分析的计算复杂度，Arnold 等人提出了用于分析高维时间序列因果关系的 Lasso-Granger 因果 （Lasso-GC） 模型[5]。Lasso-GC 模型建立全部输入变量与输出变量之间的回归模型，并对模型的回归系数施加 L_1 范数惩罚项，根据变量选择的结果确定全部输入变量对输出变量的因果关系，其中非零系数表明存在因果关系。Lasso-GC 的目标函数为

$$\min\{\|\boldsymbol{Y}-\boldsymbol{X\alpha}\|_2^2+\lambda\|\boldsymbol{\alpha}\|_1\}\tag{3.7}$$

　　式中，Y 为预测变量；$\boldsymbol{X}$ 为全部输入变量；$\boldsymbol{\alpha}$ 为回归系数；λ 为正则化参数，用于控制惩罚项大小。如果时间序列 X_j 对应的系数 $\boldsymbol{\alpha}_j$ 为零或接近于零，则表明不存在 $X_j\rightarrow Y$ 的 Granger 因果关系，反之则表示存在。Lasso-Granger 因果模型通过建立一个回归模型，分析出全部输入变量对预测变量的因果关系，大大缩减了计算量。此后，有学者提出了多个改进的 Lasso-Granger 因果模型，例如截断 Lasso-Granger 因果模型[6]、群组 Lasso-Granger 因果模型[7] 和群组 Lasso 非线性条件 Granger 因果模型 （GLasso-NCGC）[8] 等。基于模型的方法具有较高的计算效率，适合解决高维时间序列的因果分析问题。无模型方法也称为非参数方法，此类方法主要根据条件概率密度函数建立多变量 Granger 因果模型。Diks 等人将二元 Diks-Panchenko 非参数因果检验扩展到多变量情形，并提出了条件概率密度函数的可靠估计手段。Hu 等人[9] 借助 Copula 函数，提出了基于 Copula 的 Granger 因果 （Copula-GC） 模型，该模型通过在概率密度函数中引入条件变量实现多变量的因果关系分析。无模型的多元 Granger 因果分析方法基于系统的可预测性，并且需要估计条件概率密度函数。当变量维度较高或样本较多时，其计算的复杂程度会显著增加，并且分析结果的精度也会受到严重影响。因此，此类方法在高维时间序列的因果分析中受到一定限制。

　　针对实际的非线性系统，国内外学者也提出了一系列非线性 Granger 因果关系分析方法。也可以分为基于模型的方法和无模型方法。在基于模型的方法

中，建立非线性参数模型是常用的策略。如 Ancona 等人[10] 利用径向基函数实现了非线性二元时间序列的 Granger 因果关系分析。此方法通过建立两个回归模型

$$Y_{t+1} = v \cdot \boldsymbol{\Psi}(\boldsymbol{Y}_t) + \varepsilon_{Y, t+1} \tag{3.8}$$

$$Y_{t+1} = w_1 \cdot \boldsymbol{\Phi}(\boldsymbol{X}_t) + w_2 \cdot \boldsymbol{\Psi}(\boldsymbol{Y}_t) + \varepsilon_{Y|X, t+1} \tag{3.9}$$

式中，v、w_1、w_2 为模型系数；$\boldsymbol{X}_t = [X_t, X_{t-1}, \cdots, X_{t-m+1}]$ 和 $\boldsymbol{Y}_t = [Y_t, Y_{t-1}, \cdots, Y_{t-m+1}]$ 表示时间序列 X 和 Y 的历史信息；$\boldsymbol{\Psi}$ 和 $\boldsymbol{\Phi}$ 为径向基函数。通过判断模型残差的方差大小，可以分析是否存在非线性 Granger 因果关系。Marinazzo 等人提出了一种基于核方法的 Granger 因果（Kernel-GC）模型[11]，时间序列经过核函数映射之后，在再生核 Hilbert 空间中进行线性 Granger 因果检测，从而实现线性到非线性因果分析的转换。除了基于核方法的 Granger 因果模型外，学者们还提出了如基于核典型相关分析[12]、基于神经网络[13] 的 Granger 因果模型等。此外，学者们还提出了非参数非线性 Granger 因果检验方法，如 Hiemstra 和 Jones 首次提出了非线性 Granger 因果分析的非参数检验方法，即 HJ 检验[14]，并将其应用于股票价格与成交量之间的影响关系分析。为了克服 Hiemstra-Jones 非参数检验中的过度拒绝问题，Diks 和 Panchenko 提出了 DP 检验[15] 方法，该方法是一种应用于非线性 Granger 因果关系分析的二元非参数检验方法。Hu 等人提出的基于 Copula 的 Granger 因果模型[9]，应用 Copula 函数描述系统的条件概率分布，成功应用于非线性、多变量系统因果分析。

上述介绍的 Granger 因果模型及其扩展模型都是时域分析方法。为了能够将 Granger 因果推广到频域范围，Geweke 首次提出了频域 Granger 因果（Spectral-GC）模型[2]，该模型利用傅里叶变换将 VAR 模型转换为频域模型，从而实现频域 Granger 因果关系分析。基于 Geweke 提出的频域模型，Barrett 等人[16] 引入了线性变换，提出了简化的频域 Granger 因果模型。此外，学者们提出了两类具有代表性的频域 Granger 因果模型，即偏定向相干性（partial directed coherence，PDC)[17] 和直接传递函数（directed transfer function，DTF)[18] 方法。然而，这些频域 Granger 因果模型均建立在多变量 VAR 模型基础上，因此只能分析线性 Granger 因果关系。Schäck 等人[19] 提出了一种鲁棒时变广义偏定向相干性（robust time-varying generalized partial directed coherence，rTV-gPDC）方法，不仅可以实现多变量时间序列的非线性频域 Granger 因果分析，而且突破了对时间序列平稳性的限制，具有更广阔的应用范围。

3.1.2　基于信息理论的因果分析方法

信息理论是分析两个或多个系统之间信息流的重要手段，它能够度量任意两个系统的相关关系。基于信息理论的因果关系分析方法借助信息测度建立评价函数，实现对因果关系的定量分析，常用于非平稳和非线性时间序列的因果关系分析。

基于信息理论的基本概念，学者提出了一系列因果分析模型，主要包括转移熵、条件熵、条件互信息等。转移熵（transfer entropy，TE）[20] 由 Schreiber 于 2000 年提出，它根据信息转移来推断变量间的因果关系。转移熵建立在信息理论的基础之上，不仅可以分析变量间的非对称影响关系，还能够定量地给出系统之间的耦合强度。对于两个时间序列 X 和 Y，转移熵定义为

$$\text{TE}_{X \to Y} = \sum_{y_{t+1}, \boldsymbol{x}_t, \boldsymbol{y}_t} p(y_{t+1}, \boldsymbol{x}_t, \boldsymbol{y}_t) \log \frac{p(y_{t+1} \mid \boldsymbol{x}_t, \boldsymbol{y}_t)}{p(y_{t+1} \mid \boldsymbol{y}_t)} \tag{3.10}$$

式中，$\boldsymbol{x}_t$ 和 $\boldsymbol{y}_t$ 分别为时间序列 X 和 Y 的历史信息，状态空间重构产生的嵌入向量，可以作为系统的历史信息；y_{t+1} 表示 Y 当前时刻的信息；$p(y_{t+1}, \boldsymbol{x}_t, \boldsymbol{y}_t)$ 表示联合概率密度函数，$p(y_{t+1} \mid \boldsymbol{x}_t, \boldsymbol{y}_t)$ 和 $p(y_{t+1} \mid \boldsymbol{y}_t)$ 表示条件概率密度函数。根据转移熵 $\text{TE}_{X \to Y}$ 的大小可以定量判断时间序列 $X \to Y$ 的因果关系强度，其数值越大表示 $X \to Y$ 的因果关系越强。如果时间序列服从正态分布，则 TE 与 Granger 因果等价[21]。

转移熵方法是一种处理二变量的因果分析方法。为了应对复杂系统的因果关系分析问题，学者们在转移熵的基础上，提出了多种衍生方法。Montalto 等人[22] 在 TE 的基础上增加条件变量，提出了多变量转移熵方法，也称作偏转移熵（partial transfer entropy，PTE）。$X \to Y$ 的转移熵定义为

$$\text{PTE}_{X \to Y \mid \boldsymbol{Z}} = \sum_{y_{t+1}, \boldsymbol{x}_t, \boldsymbol{y}_t, \boldsymbol{z}_t} p(y_{t+1}, \boldsymbol{x}_t, \boldsymbol{y}_t, \boldsymbol{z}_t) \log \frac{p(y_{t+1} \mid \boldsymbol{x}_t, \boldsymbol{y}_t, \boldsymbol{z}_t)}{p(y_{t+1} \mid \boldsymbol{y}_t, \boldsymbol{z}_t)} \tag{3.11}$$

式中，$\boldsymbol{Z}$ 表示条件变量。PTE 可以分析多变量系统中任意两个变量之间的因果关系强度。

为了分析非平稳时间序列的因果关系，Staniek 等人提出了符号转移熵（symbolic transfer entropy，STE）[23]。STE 将时间序列变换为秩向量，计算秩向量的转移熵，表达式为

$$\text{STE}_{X \to Y} = H(\hat{Y}_{t+1} \mid \hat{\boldsymbol{Y}}_t) - H(\hat{Y}_{t+1} \mid \hat{\boldsymbol{X}}_t, \hat{\boldsymbol{Y}}_t) \tag{3.12}$$

式中，$\hat{X}$ 和 $\hat{Y}$ 表示排序后的秩向量。为了分析多变量非平稳时间序列的因

果关系，Papana 等人提出了偏符号转移熵（partial symbolic transfer entropy，PSTE）[24]，表达式为

$$PSTE_{X \to Y} = H(\hat{Y}_{t+1} | \hat{Y}_t, \hat{Z}_t) - H(\hat{Y}_{t+1} | \hat{X}_t, \hat{Y}_t, \hat{Z}_t) \quad (3.13)$$

此外，根据信息熵、MI 和 TE 的定义，可以推导出 PTE 与条件熵和条件互信息的关系。因此，学者们提出了基于条件互信息和条件熵的因果分析方法。Kugiumtzis 提出了基于混合嵌入的偏互信息（partial mutual information from mixed embedding，PMIME）[25] 方法。该方法利用条件互信息，可以识别多变量系统的直接因果关系。Faes 等人提出了基于条件熵（conditional entropy，CE）的因果分析方法[26]。该方法可以看作 PTE 的归一化形式，可以有效地分析多变量系统的非线性因果关系。

基于信息理论的因果分析方法涉及到概率密度函数的计算，往往具有较高的计算成本和计算难度。尤其是随着变量维度的增加，计算高维时间序列的概率密度函数面临着很大困难，从而限制了此类因果分析方法的应用范围。为了解决以上问题，Kugiumtzis 提出根据非均匀嵌入方法选择状态变量[25]，可以有效分析高维系统的因果关系。此外，Runge 等人将 PTE 分解为多个有限维 TE 的组合，提出了一种基于图模型的因果分析方法[27]，有效避免了维数灾难问题。

3.1.3 基于状态空间的因果分析方法

现代控制理论提出了状态空间的概念，建立的状态空间模型可以完全描述系统的输入变量、状态变量和输出变量之间的关系。根据系统中可观测时间序列建立状态空间模型，是研究未知系统的主要方法之一，同时能够反映系统内部的驱动响应关系。状态空间模型是描述系统动态过程的有力工具，为时间序列分析提供了理论基础。状态空间模型最早由 Kalman[28] 提出，是一种通过观测值研究确定性和随机动态系统的重要手段。状态空间模型将物理系统表示为由输入变量、输出变量和状态变量构成的一阶微分（或差分）方程组，一般由状态方程和输出方程组成

$$\dot{x}(t) = f[x(t), u(t), t]$$
$$y(t) = h[x(t), u(t), t] \quad (3.14)$$

式中，$u(t)$ 为输入变量；$y(t)$ 为输出变量；$x(t)$ 为状态变量；$f()$ 和 $h()$ 为线性或非线性函数。状态空间模型是一类线性或非线性的时域模型，用状态方程描述动态系统，用输出方程描述量测信息。系统的状态方程描述系统内

部结构和信号的作用方向，即反映了系统状态变量的因果关系。建立状态空间模型主要有分析和辨识两种方式。分析方式适用于结构和参数已知的系统，基于物理或化学机理直接建立状态空间模型。针对结构和参数未知的系统，一般采用辨识方式，即通过实际观测的输入输出数据建立状态空间模型。状态空间模型参数估计方法主要有 Kalman 滤波、贝叶斯推理、EM 算法等。

状态空间模型利用状态变量表示一个时间序列，状态变量包含与预测值相关的所有历史信息，从而建立了多元时间序列模型[29]。状态空间模型是一类应用十分广泛的模型，任何时间序列模型都可以写成状态空间的形式，如自回归模型、滑动平均模型等，在时间序列建模和因果分析方向得到了广泛应用。Jinno等[30]建立了非线性状态空间模型，采用二阶泰勒展开式近似非线性系统，根据扩展 Kalman 滤波算法更新模型参数，实现非线性系统辨识与时间序列预测。Hong 等[31]针对中长期径流量时间序列预测，选择状态空间模型的结构为基于二阶泰勒展开式的非线性微分方程组，并利用遗传算法更新状态空间模型参数。可以看出，状态空间模型能够识别线性或低阶非线性系统的内部结构，从而推断系统的因果关系，实现对未来信息的预测。

基于状态空间重构理论，学者们提出了不同的因果分析模型，主要包括非线性相互依赖指标（nonlinear interdependence measures）和收敛交叉映射（convergent cross mapping，CCM）等方法。

非线性相互依赖指标是一类基于状态空间和近邻距离的方法，用于分析因果关系的方向和强弱。对于系统 X 和 Y，根据状态空间重构理论建立两个系统的状态空间 $\boldsymbol{X}$ 和 $\boldsymbol{Y}$。如果系统 X 影响系统 Y，那么状态空间 $\boldsymbol{Y}$ 中的近邻样本点会以较大概率映射到状态空间 $\boldsymbol{X}$ 中的近邻样本点。设 $\boldsymbol{x}_{r_{n,1}}, \boldsymbol{x}_{r_{n,2}}, \cdots, \boldsymbol{x}_{r_{n,k}}$ 为样本点 $\boldsymbol{x}_n$ 在状态空间 $\boldsymbol{X}$ 中的 k 个近邻点，定义 $\boldsymbol{x}_n$ 与 k 个近邻点的平均欧氏距离为

$$R_n^{(k)}(\boldsymbol{X}) = \frac{1}{k} \sum_{j=1}^{k} \left\| \boldsymbol{x}_n - \boldsymbol{x}_{r_{n,j}} \right\|_2^2 \tag{3.15}$$

设 $\boldsymbol{y}_{s_{n,1}}, \boldsymbol{y}_{s_{n,2}}, \cdots, \boldsymbol{y}_{s_{n,k}}$ 为样本点 $\boldsymbol{y}_n$ 在状态空间 $\boldsymbol{Y}$ 中的 k 个近邻点，将其映射到状态空间 $\boldsymbol{X}$。定义 $\boldsymbol{x}_n$ 与 k 个样本点 $\boldsymbol{x}_{s_{n,1}}, \boldsymbol{x}_{s_{n,2}}, \cdots, \boldsymbol{x}_{s_{n,k}}$ 的平均欧氏距离为

$$R_n^{(k)}(\boldsymbol{X} \mid \boldsymbol{Y}) = \frac{1}{k} \sum_{j=1}^{k} \left\| \boldsymbol{x}_n - \boldsymbol{x}_{s_{n,j}} \right\|_2^2 \tag{3.16}$$

定义 $\boldsymbol{x}_n$ 与状态空间 $\boldsymbol{X}$ 中所有样本点的平均欧氏距离为

$$R_n(\boldsymbol{X}) = \frac{1}{N-1} \sum_{j=1}^{N} \|\boldsymbol{x}_n - \boldsymbol{x}_j\|_2^2 \tag{3.17}$$

根据以上的距离公式,学者们提出了几种非线性相互依赖指标

$$S_{\boldsymbol{X} \to \boldsymbol{Y}} = \frac{1}{N} \sum_{n=1}^{N} \frac{R_n^{(k)}(\boldsymbol{X})}{R_n^{(k)}(\boldsymbol{X} \mid \boldsymbol{Y})} \tag{3.18}$$

$$H_{\boldsymbol{X} \to \boldsymbol{Y}} = \frac{1}{N} \sum_{n=1}^{N} \log \frac{R_n(\boldsymbol{X})}{R_n^{(k)}(\boldsymbol{X} \mid \boldsymbol{Y})} \tag{3.19}$$

$$N_{\boldsymbol{X} \to \boldsymbol{Y}} = \frac{1}{N} \sum_{n=1}^{N} \frac{R_n(\boldsymbol{X}) - R_n^{(k)}(\boldsymbol{X} \mid \boldsymbol{Y})}{R_n(\boldsymbol{X})} \tag{3.20}$$

$$M_{\boldsymbol{X} \to \boldsymbol{Y}} = \frac{1}{N} \sum_{n=1}^{N} \frac{R_n(\boldsymbol{X}) - R_n^{(k)}(\boldsymbol{X} \mid \boldsymbol{Y})}{R_n(\boldsymbol{X}) - R_n^{(k)}(\boldsymbol{X})} \tag{3.21}$$

指标 $S_{\boldsymbol{X} \to \boldsymbol{Y}}$ 和 $H_{\boldsymbol{X} \to \boldsymbol{Y}}$ 由 Arnhold 等人提出[32],它们是非对称的,通过分析 $\boldsymbol{X} \to \boldsymbol{Y}$ 和 $\boldsymbol{Y} \to \boldsymbol{X}$ 的指标大小,可以判断两个系统因果关系的方向和强弱。两种方法具有较强的鲁棒性,可以检测出弱因果关系。由于指标 $S_{\boldsymbol{X} \to \boldsymbol{Y}}$ 和 $H_{\boldsymbol{X} \to \boldsymbol{Y}}$ 具有非归一化的问题,Quiroga 等人提出了指标 $N_{\boldsymbol{X} \to \boldsymbol{Y}}$[33],采用了算术平均和标准化操作,比指标 $S_{\boldsymbol{X} \to \boldsymbol{Y}}$ 鲁棒性更强。为了减弱系统 $\boldsymbol{X}$ 自相关性和有限维数的不利影响,Andrzejak 等人提出了指标 $M_{\boldsymbol{X} \to \boldsymbol{Y}}$[34],改进了指标 $N_{\boldsymbol{X} \to \boldsymbol{Y}}$ 的不足之处,同时将负值替换为零。在此之后,Chicharro 等人提出了指标 $L_{\boldsymbol{X} \to \boldsymbol{Y}}$[35],应用秩统计量代替距离统计量,其表达式类似于指标 $M_{\boldsymbol{X} \to \boldsymbol{Y}}$。与基于距离的指标相比,基于秩统计量的指标对定向耦合关系具有更强的敏感性与特异性。

2012 年,Sugihara 等人提出了另外一种基于状态空间的因果分析方法,即收敛交叉映射 CCM[36]。CCM 是一种基于非线性状态空间重构二变量因果关系分析方法。根据非线性系统理论,如果两个系统之间存在因果关系,则它们共享相同的流形信息。CCM 的基本思想是:如果系统 Y 对系统 X 存在因果关系,则系统 X 中存在系统 Y 的演化信息,通过分析系统 X 和系统 Y 流形之间的相关性,就可以检测出系统之间的因果关系。图 3.1 为 CCM 的原理图,其中虚线表示系统之间的交叉映射。如图 3.1(a) 所示,流形 $\boldsymbol{X}$ 中的样本点 $\boldsymbol{x}_n$ 及其近邻点映射到流形 $\boldsymbol{Y}$,对应的近邻点收敛于样本点 $\boldsymbol{y}_n$,表明存在因果关系 $Y \to X$;如图 3.1(b) 所示,交叉映射之后,近邻点不收敛于样本点 $\boldsymbol{y}_n$,则不存在因果关系 $Y \to X$。CCM 主要用于检测弱因果关系,特别适合于分析小规模、短期时间序列的因果关系[37]。

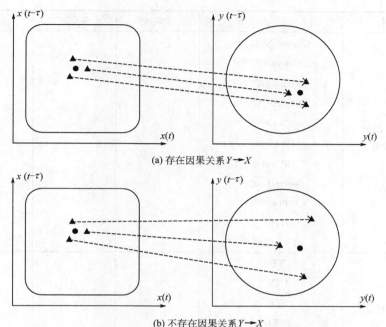

(a) 存在因果关系 $Y \rightarrow X$

(b) 不存在因果关系 $Y \rightarrow X$

图 3.1　收敛交叉映射的原理图

3.2　混沌时间序列的因果关系分析方法对比

　　本节将对三类不同的因果关系分析方法的特点进行比较分析，讨论不同方法的应用范围、优势与不足，并分析存在的问题与未来的研究方向。表 3.1 总结了不同方法在非线性、多变量和非平稳条件下的适用范围。从表中可以看出，时间序列因果模型的研究对象由二变量、线性时间序列向多变量、非线性时间序列发展，并且少数模型突破了时间序列平稳性的要求。随着时间序列的维度、规模和复杂性不断增加，时间序列的因果分析面临许多挑战，接下来分别对三种方法进行分析与总结。

表 3.1　因果关系分析方法适用范围对比

类别	方法	非线性	多变量	非平稳
Granger 因果 关系分析	GC[1]			
	CGC[2]		✓	
	CEGC[3]	✓	✓	
	Lasso-GC[5]		✓	

续表

类别	方法	非线性	多变量	非平稳
Granger 因果 关系分析	GLasso-NCGC[8]	$\checkmark$	$\checkmark$	
	Copula-GC[9]	$\checkmark$	$\checkmark$	
	Kernel-GC[11]	$\checkmark$	$\checkmark$	
	KCCA-GC[12]	$\checkmark$	$\checkmark$	
	NN-GC[13]	$\checkmark$	$\checkmark$	
	HJ test[14]	$\checkmark$		
	DP test[15]	$\checkmark$		
	Spectral-GC[2]		$\checkmark$	
	PDC[17]		$\checkmark$	
	DTF[18]		$\checkmark$	
	rTV-gPDC[19]	$\checkmark$	$\checkmark$	$\checkmark$
基于信息理论的 因果分析	TE[20]	$\checkmark$		
	PTE[22]	$\checkmark$	$\checkmark$	
	STE[23]	$\checkmark$		$\checkmark$
	PSTE[24]	$\checkmark$	$\checkmark$	
	PMIME[25]	$\checkmark$	$\checkmark$	
	CE[26]	$\checkmark$	$\checkmark$	
基于状态空间的 因果分析	$S^{[32]}, H^{[32]}, N^{[33]}, M^{[34]}$	$\checkmark$		
	$L^{[35]}$	$\checkmark$		$\checkmark$
	CCM[36]	$\checkmark$		

（1）Granger 因果关系分析方法

Granger 因果关系分析方法基于可预测思想，建立在时间序列模型的基础上，形式简单且具有很强的可解释性，因此其应用十分广泛。然而，Granger 因果分析方法是一种定性的因果分析模型，不能根据检验结果直接判断因果关系的强弱。Granger 因果分析是基于模型的方法，因此对于时间序列模型阶数的确定是一个至关重要的问题，常用的确定模型阶数的方法有 AIC（Akaike information criterion）、BIC（Bayesian information criterion）等信息准则。由于时间序列模型的参数较多，因此在进行 Granger 因果检验时，计算复杂度较高。例如，对于具有 n 个样本的时间序列 X 和 Y，建立一个模型阶数为 m 的 VAR 模型的计算复杂度介于 $O(m^2 n^2)$ 到 $O(mn)$ 之间。对 l 个时间序列进行两两因果分析，计算复杂度将达到 $O(l^2 m^2 n^2)$。此外，Granger 因果模型的应用对象是平稳时间序列，因此在进行 Granger 因果检验之前，需要对时间序列进行平稳性检验和平稳化。学者提出了非平稳时间序列的因果分析模型，在 VAR 模型中引入时变参数，实现了非平稳时间序列的因果关系分析。Granger 因果模型未来将着重解决非线性、多变量、非平稳等复杂环境的因果分析，同时提高模型的计算效率。

（2）基于信息理论的因果关系分析方法

基于信息理论的因果关系分析方法是一种定量的因果分析方法，根据建立的评价准则对时间序列之间的因果关系进行定量描述。该方法仅需要计算信息指标就可以实现因果关系分析，对于维度较低的复杂系统，其分析结果优于只能定性分析的 Granger 因果模型。基于信息理论的因果分析方法主要研究平稳时间序列，对于非平稳时间序列，学者提出将时间序列转换为秩向量，然后分析秩向量的因果关系，为非平稳时间序列的因果分析提供了新的思路。尽管基于信息理论的因果分析形式简洁、易于操作，但是嵌入向量的选取需要重点关注，Montalto 等人[22] 对嵌入向量和信息准则的计算进行了深入研究。在现实应用中，当条件变量维数增加时，信息准则计算复杂度逐渐增加、计算精度逐渐下降。因此，条件变量的选择需要进一步深入研究，通过选择合适的条件变量，达到提高计算效率和精度的目的。

（3）基于状态空间的因果关系分析方法

随着状态空间重构理论的提出，使得非线性系统的分析与建模更加方便快捷，学者们提出了基于状态空间的因果分析方法。此类方法在非线性因果分析问题上具有良好的性能，特别适合于分析小规模、短期时间序列的因果关系。然而，此类方法建立在系统的状态空间基础上，根据状态空间中样本点的邻域信息分析因果关系，噪声和异常值对分析结果具有较大影响，需要提升模型的抗干扰能力。此外，基于状态空间的因果分析方法主要用于分析两个系统之间的非线性因果关系，将其扩展到分析多个系统的因果关系是未来的研究趋势。

3.3　基于 HSIC-Lasso 的 Granger 因果关系分析模型

随着时间序列数据维度和规模的不断增加，挖掘复杂环境下时间序列存在的因果关系是当前面临的重要挑战。基于此，本节介绍一种基于 Hilbert-Schmidt 独立性准则-Lasso 回归模型的 Granger 因果分析（HSIC-Lasso-GC）方法，实现多变量系统的非线性因果关系分析。本节首先介绍 Hilbert-Schmidt 独立性准则和 HSIC-Lasso 回归模型；然后详细描述提出的因果分析模型；最后将其用于标准数据集和实际数据集的因果关系分析。

3.3.1 Hilbert-Schmidt 独立性准则

Hilbert-Schmidt 独立性准则是一种基于核方法的独立性测度，可以用于评价两个样本集之间的统计独立性。Gretton 等人[38] 在再生核 Hilbert 空间中引入交叉协方差算子，定义 HSIC 为交叉协方差算子的 Hilbert-Schmidt 范数。令 X 和 Y 表示两个随机变量，其边缘概率分布为 P_x 和 P_y，联合概率分布为 P_{xy}。考虑特征映射 $\phi:X \rightarrow F$ 和 $\psi:Y \rightarrow G$，其中 F 和 G 代表再生核 Hilbert 空间，核函数为 $k(x,x')=\langle \phi(x),\phi(x') \rangle$ 和 $l(y,y')=\langle \psi(y),\psi(y') \rangle$。交叉协方差算子 $C_{xy}:G \rightarrow F$ 定义为

$$C_{xy}=E_{xy}\{[\phi(x)-\mu_x] \otimes [\psi(y)-\mu_y]\} \tag{3.22}$$

式中，$\otimes$ 表示张量积；$\mu_x=E_x\phi(x)$；$\mu_y=E_y\psi(y)$；E_x、E_y 和 E_{xy} 为期望算子。因此，定义 HSIC 为 C_{xy} 的 Hilbert-Schmidt 范数的平方

$$\begin{aligned} \text{HSIC}(P_{xy},F,G) &= \|C_{xy}\|_{\text{HS}}^2 \\ &= E_{xx'yy'}[k(x,x')l(y,y')]+E_{xx'}[k(x,x')]E_{yy'}[l(y,y')] \\ &\quad -2E_{xy}\{E_{x'}[k(x,x')]E_{y'}[l(y,y')]\} \end{aligned} \tag{3.23}$$

给定数据集 $Z=\{(x_i,y_i)|i=1,\cdots,n\}$，HSIC 的经验估计值[39] 为

$$\text{HSIC}(Z,F,G)=\frac{1}{n^2}\text{tr}(\boldsymbol{KHLH}) \triangleq \text{HSIC}(\boldsymbol{K},\boldsymbol{L}) \tag{3.24}$$

式中，tr() 表示矩阵的迹算子；$\boldsymbol{K},\boldsymbol{L} \in \mathbb{R}^{n \times n}$ 为核矩阵，矩阵对应元素分别为 $K_{ij}=k(x_i,x_j)$ 和 $L_{ij}=l(y_i,y_j)$；$\boldsymbol{H}=\boldsymbol{I}-\dfrac{1}{n}\boldsymbol{11}^{\text{T}} \in \mathbb{R}^{n \times n}$ 为中心化矩阵；$\boldsymbol{I} \in \mathbb{R}^{n \times n}$ 为单位矩阵，$\boldsymbol{1} \in \mathbb{R}^n$ 是 n 维的全 1 向量。HSIC 是一种流行的依赖性准则，当变量 X 和 Y 相互独立时，HSIC 的值为零；当变量 X 和 Y 具有较强依赖性时，HSIC 具有较大的数值。

3.3.2 HSIC-Lasso 模型

假设样本集合为 $\{(\boldsymbol{x}_i,y_i)|i=1,\cdots,n\}$，其中 $\boldsymbol{x}_i \in \mathbb{R}^d$ 为 d 维输入向量，$y_i \in \mathbb{R}$ 为输出值。特征选择的目标是从 d 维输入特征中找到 m 维（$m < d$）相关特征，使得输入特征能够很好地解释和预测输出值。基于线性回归的 Lasso 模型广泛用于解决特征选择问题，它能够实现多元输入特征与输出之间的特征选择。然而，Lasso 模型的局限在于它无法获取非线性关系。因此，Yamada 等人[40] 在

Lasso 模型的基础上，提出了一种基于 HSIC 的非线性 Lasso 模型，简称 HSIC-Lasso 模型。该模型首先将原始输入和输出样本映射到再生核 Hilbert 空间中，得到 Gram 矩阵 $\boldsymbol{K}^{(k)} \in \mathbb{R}^{n \times n}$ 和 $\boldsymbol{L} \in \mathbb{R}^{n \times n}$，其中 $K_{ij}^{(k)} = K(x_{ki}, x_{kj})$，$k = 1, 2, \cdots, d$，$L_{ij} = L(y_i, y_j)$，$K(x, x')$ 和 $L(y, y')$ 为核函数。HSIC-Lasso 模型的目标函数为

$$\min_{\boldsymbol{\alpha} \in \mathbb{R}^d} \frac{1}{2} \left\| \bar{\boldsymbol{L}} - \sum_{k=1}^{d} \alpha_k \bar{\boldsymbol{K}}^{(k)} \right\|_{\text{Frob}}^2 + \lambda \|\boldsymbol{\alpha}\|_1 \tag{3.25}$$
$$\text{s. t.} \ \alpha_1, \cdots, \alpha_d \geqslant 0$$

式中，$\|\ \|_{\text{Frob}}$ 表示 Frobenius 范数；$\bar{\boldsymbol{K}}^{(k)} = \boldsymbol{H}\boldsymbol{K}^{(k)}\boldsymbol{H}$，$\bar{\boldsymbol{L}} = \boldsymbol{H}\boldsymbol{L}\boldsymbol{H}$，$\boldsymbol{H} \in \mathbb{R}^{n \times n}$ 为与式（3.24）相同的中心化矩阵；λ 为正则化参数；$\boldsymbol{\alpha} \in \mathbb{R}^d$，为具有非负约束的待求参数。如果 $\alpha_k = 0$，则表明第 k 个输入特征为无关特征，需要被移除。式（3.25）的第一项可以改写为

$$\frac{1}{2} \left\| \bar{\boldsymbol{L}} - \sum_{k=1}^{d} \alpha_k \bar{\boldsymbol{K}}^{(k)} \right\|_{\text{Frob}}^2$$

$$= \frac{1}{2} \|\bar{\boldsymbol{L}}\bar{\boldsymbol{L}}\|_{\text{Frob}} - \sum_{k=1}^{d} \alpha_k \|\bar{\boldsymbol{K}}^{(k)}\bar{\boldsymbol{L}}\|_{\text{Frob}} + \frac{1}{2} \sum_{k,l=1}^{d} \alpha_k \alpha_l \|\bar{\boldsymbol{K}}^{(k)}\bar{\boldsymbol{K}}^{(l)}\|_{\text{Frob}}$$

$$= \frac{1}{2} \text{tr}(\bar{\boldsymbol{L}}\bar{\boldsymbol{L}}) - \sum_{k=1}^{d} \alpha_k \text{tr}(\bar{\boldsymbol{K}}^{(k)}\bar{\boldsymbol{L}}) + \frac{1}{2} \sum_{k,l=1}^{d} \alpha_k \alpha_l \text{tr}(\bar{\boldsymbol{K}}^{(k)}\bar{\boldsymbol{K}}^{(l)})$$

$$= \frac{n^2}{2} \text{HSIC}(\bar{\boldsymbol{L}}, \boldsymbol{L}) - n^2 \sum_{k=1}^{d} \alpha_k \text{HSIC}(\bar{\boldsymbol{K}}^{(k)}, \boldsymbol{L}) + \frac{n^2}{2} \sum_{k,l=1}^{d} \alpha_k \alpha_l \text{HSIC}(\bar{\boldsymbol{K}}^{(k)}, \boldsymbol{K}^{(l)}) \tag{3.26}$$

式中，$\text{HSIC}(\bar{\boldsymbol{L}}, \boldsymbol{L})$ 为常数，在计算过程中可以被忽略；$\sum_{k=1}^{d} \alpha_k \text{HSIC}(\bar{\boldsymbol{K}}^{(k)}, \boldsymbol{L})$ 表示输入特征与输出之间的相关性，当第 k 个输入特征与输出相互独立时，HSIC 的值接近于零，同时系数 α_k 也趋近于零；$\sum_{k,l=1}^{d} \alpha_k \alpha_l \text{HSIC}(\bar{\boldsymbol{K}}^{(k)}, \boldsymbol{K}^{(l)})$ 表示输入特征之间的冗余性，冗余特征之间具有较大的 HSIC 值，其系数也趋近于零，即消除输入特征中的冗余信息。基于以上分析，可以看出 HSIC-Lasso 模型与最小冗余最大相关特征选择方法[41] 的基本思想具有一定联系。HSIC-Lasso 模型可以通过对偶增广拉格朗日方法求解。

3.3.3　基于 HSIC-Lasso 的 Granger 因果关系分析

本节将 Granger 因果关系分析与 HSIC-Lasso 回归模型相结合，提出基于 HSIC-Lasso 的 Granger 因果分析模型。该方法包含四个基本步骤，分别是平稳

性检验、状态空间重构、建立 HSIC-Lasso 模型和显著性检验。下面详细描述所提方法的具体实现。

（1）平稳性检验

由于 Granger 因果关系分析的前提是时间序列为平稳过程，因此在因果分析前进行平稳性检验是十分必要的。平稳时间序列是指不存在趋势变化的序列，即序列的均值和方差不随时间变化，自相关函数仅与时间间隔有关。单位根检验可以分析时间序列的平稳性，它分析时间序列是否存在单位根，若不存在则表明该序列为平稳过程。因此，本节采用增广 Dickey-Fuller（augmented Dickey-Fuller，ADF）检验[42]测试时间序列是否为平稳过程，其表达式为

$$\Delta X_t = \alpha_0 + \beta t + \delta X_{t-1} + \sum_{i=1}^{p} \alpha_i \Delta X_{t-i} + \varepsilon_t \tag{3.27}$$

式中，α_0 为常数；β 为时间趋势系数；p 为 AR 模型的阶数；α_i 为 AR 模型系数；ε_t 为误差项。ADF 检验通过估计参数 δ，定义零假设 $H_0 : \delta = 0$，即时间序列为非平稳序列。在这种情况下，时间序列需要进行差分平稳化。如果拒绝零假设，则接受备择假设 $H_1 : \delta < 0$，即时间序列为平稳序列。

（2）状态空间重构

在时间序列分析中，Takens 提出的状态空间重构理论为非线性动态系统的分析与建模奠定了基础[43]。Takens 定理证明了如果找到状态空间嵌入维数的下界，即可恢复原始系统，重构的状态空间与原动力学系统保持微分同胚，为非线性时间序列分析提供了理论依据。令 $X(t)$ 为一维时间序列，基于 Takens 定理的重构状态空间为

$$\boldsymbol{X}(t) = [X(t), X(t-\tau), \cdots, X(t-(m-1)\tau)] \tag{3.28}$$

式中，τ 和 m 分别表示延迟时间和嵌入维数。Kugiumtzis 认为延迟时间和嵌入维数是相关的[44]，并提出了时间窗口的概念，即 τ 和 m 依赖于时间窗口 $\tau_w = (m-1)\tau$。此后，Kim 等人提出了求解时间窗口的 C-C 方法[45]，可以同时计算延迟时间和嵌入维数。在本节中，采用 C-C 方法确定延迟时间和嵌入维数。

（3）建立 HSIC-Lasso 模型

经过平稳性检验和状态空间重构，可以得到一组输入特征 $[\boldsymbol{X}_1, \boldsymbol{X}_2, \cdots, \boldsymbol{X}_q]^T \in \mathbb{R}^{d \times n}$ 和输出特征 $\boldsymbol{Y} = [y_1, y_2, \cdots, y_n] \in \mathbb{R}^n$，其中 q 表示原始时间序列的维数，d 表示状态空间重构后的特征维数，n 表示样本的个数。然后，将输入特征和输出特征映射到再生核 Hilbert 空间中，选择核函数为高斯核函数

$$K\left(x,x'\right)=\exp\left(-\frac{(x-x')^2}{2\sigma_x^2}\right) \tag{3.29}$$

$$L\left(y,y'\right)=\exp\left(-\frac{(y-y')^2}{2\sigma_y^2}\right) \tag{3.30}$$

根据式（3.25）所示的目标函数构建 HSIC-Lasso 回归模型。在 Lasso 回归模型中，正则化参数 λ 的选择严重影响建模的结果。如果正则化参数的数值过大，会导致相关的特征被移除；相反，如果正则化参数的数值过小，可能导致不相关或冗余的特征被保留。因此，本节根据广义信息准则（generalized information criterion，GIC）[46] 选取合适的正则化参数。GIC 准则常用于模型选择问题，其表达式定义为

$$\mathrm{GIC}=vM-2\ln(\mathcal{L}) \tag{3.31}$$

式中，$\mathcal{L}$ 为模型的似然函数；M 表示模型参数的个数；v 是一个正数，用于控制变量选择的性能，当 $v\in[2,6]$ 时可以获得良好的性能[47]。如果模型的误差服从独立的正态分布，那么可以采用如下形式计算 GIC 准则

$$\mathrm{GIC}=vM+n\ln(\mathrm{RSS}) \tag{3.32}$$

式中，RSS 表示模型的残差；n 为样本的个数。为了简化计算，本节采用式（3.32）确定合适的正则化参数 λ。然后，根据选择的正则化参数建立 HSIC-Lasso 回归模型，模型参数 $\boldsymbol{\alpha}$ 反映出时间序列 $X_j\to Y,j=1,2,\cdots,q$ 的 Granger 因果关系。

（4）显著性检验

为了检验因果分析结果的有效性，本节引入统计显著性检验。具体步骤为：

步骤一　根据时间移位法，得到 N 组置换时间序列。首先，对原始时间序列 X_j 进行随机移位操作，获得置换时间序列 $\widetilde{X}_j$

$$\widetilde{X}_j=\{x_{s+1},\cdots,x_n,x_1,\cdots,x_s\} \tag{3.33}$$

式中，s 表示移位因子；n 为样本的个数。置换时间序列与原始时间序列具有同样的边缘分布，同时具有独立性。

步骤二　计算原始时间序列 X_j 的因果关系统计量 I_j，计算 N 组置换时间序列 $\widetilde{X}_j$ 的因果关系统计量 $\widetilde{I}_j(\cdot)$。

步骤三　构造假设 H_0：存在 Granger 因果关系 $X_j\to Y$。

步骤四　统计满足 $(I_j\geqslant\widetilde{I}_j(\cdot))$ 的统计量个数，记为 M，计算 P 值（p-value），即 $p_j=\dfrac{1+M}{1+N}$。

步骤五 选择显著性水平 $\alpha = 0.95$，如果 $p \leqslant \alpha$，拒绝假设 H_0；否则，接受假设 H_0。

3.3.4 仿真实例

为了验证提出的多变量非线性 Granger 因果分析方法的有效性，分别采用一组标杆数据、北京市海淀区空气质量指标（air quality index，AQI）和气象时间序列数据集进行仿真实验。其中，标杆数据为多变量线性耦合系统，空气质量指标与气象时间序列为实际采集的多元时间序列。将 HSIC-Lasso-GC 模型与其他因果模型进行对比，包括条件 Granger 因果指数（CGCI）[2]、Granger 因果连通性分析（Granger causal connectivity analysis，GCCA）[48]、Lasso-Granger 因果模型[7]、基于核方法的非线性 Granger 因果模型（KGC）[11] 和基于条件熵（conditional entropy，CE）的非线性 Granger 因果模型[26]。

（1）多变量线性标杆数据因果分析

该标杆数据来源于文献 [49] 中的系统 4，它是一个包含五维变量的线性耦合系统，表达式为

$$X_{1,t} = 0.95\sqrt{2}\,X_{1,t-1} - 0.9025 X_{1,t-2} + \varepsilon_{1,t}$$

$$X_{2,t} = 0.5 X_{1,t-2} + \varepsilon_{2,t}$$

$$X_{3,t} = -0.4 X_{1,t-3} + \varepsilon_{3,t} \tag{3.34}$$

$$X_{4,t} = -0.5 X_{1,t-1} + 0.25\sqrt{2}\,X_{4,t-1} + 0.25\sqrt{2}\,X_{5,t-1} + \varepsilon_{4,t}$$

$$X_{5,t} = -0.25\sqrt{2}\,X_{4,t-1} + 0.25\sqrt{2}\,X_{5,t-1} + \varepsilon_{5,t}$$

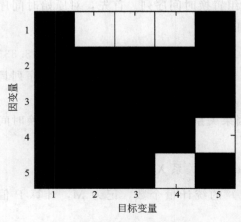

图 3.2 模拟系统的因果关系

式中，ε 为具有零均值和单位方差的高斯白噪声。根据式（3.34），可以得出因果关系 $X_1 \rightarrow X_2$、$X_1 \rightarrow X_3$、$X_1 \rightarrow X_4$ 和 $X_4 \leftrightarrow X_5$。如图 3.2 所示，每个方格表示从行到列的因果关系，其中白色表示具有因果关系。

实验中，生成 1000 组样本进行因果关系分析。为了验证结果的可靠性，本节生成了 99 组置换时间序列用于显著性检验。显著性检验的结果如表 3.2 所示，其中黑体部分表示正确的因果

关系。根据模拟系统的因果分析结果，可以发现 GCCA、KGC 和 HSIC-Lasso-GC 模型能够识别出全部正确的因果关系，并避免出现虚假因果关系。CGCI 和 CE 得到了正确的因果关系，但是包含了虚假因果。Lasso-GC 模型无法分析出系统中的非线性因果关系。通过以上分析，可以发现所提模型 HSIC-Lasso-GC 在标杆数据仿真中表现良好，可以有效识别多变量系统中的线性和非线性因果关系。

表 3.2　模拟系统因果关系分析结果的显著性检验

项目	CGCI	GCCA	KGC	Lasso-GC	CE	HSIC-Lasso-GC
$X_1 \rightarrow X_2$	**100**	**100**	**100**	**99**	**100**	**100**
$X_1 \rightarrow X_3$	**100**	**100**	**100**	73	**100**	**100**
$X_2 \rightarrow X_1$	99	35	0	0	0	5
$X_2 \rightarrow X_3$	**99**	**98**	**100**	60	**100**	**100**
$X_3 \rightarrow X_1$	100	42	0	0	100	6
$X_3 \rightarrow X_2$	56	26	0	0	100	16

（2）空气质量指标与气象时间序列因果分析

随着经济的快速发展，以雾霾为代表的大气环境污染已经成为主要的环境问题之一。然而，雾霾的成因非常复杂，以空气质量指标 PM2.5 为例，其浓度不仅受到 NO_2、CO、O_3、SO_2 等大气污染物的影响，还受到温度、风速等气象因素的影响。如果能够分析出 PM2.5 的成因和主要污染物，将在大气污染防治和制定管理政策方面发挥重要作用。基于可观测的时间序列，因果关系分析方法可以识别因变量与 PM2.5 之间的因果关系，从而为控制 PM2.5 浓度提供理论依据。因此，本小节将应用所提方法研究 AQI 与气象时间序列之间的因果关系。数据集来源于北京市海淀区，采样间隔为 8h，包括 2014 年 7 月至 2015 年 2 月共 646 组样本。时间序列的具体含义如表 3.3 所示，包含六维 AQI 时间序列和五维气象时间序列。在仿真实验中，重点关注其他变量对 PM2.5 和 PM10 时间序列的影响。

在平稳性检验和差分平稳化之后，采用 C-C 方法计算每一维变量的嵌入维数 m 和延迟时间 τ，状态空间重构的参数如表 3.3 所示。接下来，根据 HSIC-Lasso-GC 模型的具体步骤，基于 GIC 准则选择最优模型，结果如图 3.3 所示。

表 3.3　AQI 和气象时间序列的嵌入维数和延迟时间

序号	1	2	3	4	5	6	7	8	9	10	11
变量	PM2.5	PM10	O_3	NO_2	SO_2	CO	气温	露点	气压	湿度	风速
m	2	2	3	2	5	5	3	2	2	3	4
τ	4	4	4	2	2	2	1	4	3	2	3

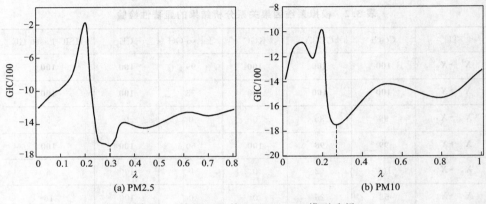

(a) PM2.5　　　　　　　　　　(b) PM10

图 3.3　基于 GIC 的 HSIC-Lasso 模型选择

　　根据图 3.3 的结果，为 PM2.5 和 PM10 时间序列分别建立 HSIC-Lasso 模型，其正则化参数分别选择 $\lambda=0.3$ 和 $\lambda=0.27$。然后，根据 HSIC-Lasso 模型系数矩阵 $\boldsymbol{\alpha}$ 获得所有变量间的因果关系，并根据显著性检验，可以得到所有对比方法对 PM2.5 和 PM10 时间序列的因果分析结果，如表 3.4 和表 3.5 所示。

表 3.4　PM2.5 时间序列的因果分析结果

方法	因变量	方法	因变量
CGCI	SO_2、气压、风速	Lasso-GC	SO_2、气温、风速
GCCA	SO_2、CO、气压	CE	PM10、NO_2、露点、气压、湿度
KGC	PM10、O_3	HSIC-Lasso-GC	PM10、CO、风速

表 3.5　PM10 时间序列的因果分析结果

方法	因变量	方法	因变量
CGCI	PM2.5、SO_2、CO	Lasso-GC	SO_2、气温、露点、风速
GCCA	PM2.5、NO_2、SO_2、CO、湿度、气压	CE	PM2.5、NO_2、湿度
KGC	PM2.5、气压	HSIC-Lasso-GC	O_3、NO_2、风速

　　然后，为了验证因果分析结果的有效性，分别建立 PM2.5 和 PM10 时间序列的预测模型。选择回声状态网络（echo state networks，ESN）[50] 作为预测模型，根据因果分析结果选择合适的输入变量，并与包含全部输入变量的预测结果进行对比。在仿真实验中，选取数据集的前 75% 用于训练，剩余的 25% 用于测试。选取两个误差指标评估预测结果，分别为均方根误差 RMSE 和对称平均绝对百分率误差（symmetric mean absolute percentage error，SMAPE），表达式为

$$\text{RMSE} = \sqrt{\frac{1}{n-1} \sum_{i=1}^{n} (y_i - \hat{y}_i)^2} \tag{3.35}$$

$$\text{SMAPE} = \frac{1}{n} \sum_{i=1}^{n} \frac{|y_i - \hat{y}_i|}{(|y_i| + |\hat{y}_i|)/2} \tag{3.36}$$

　　式中，y_i 和 $\hat{y}_i$ 分别表示真实值和预测值；n 为样本个数。所有对比算法进行 20 次独立实验，预测结果为 20 次实验的平均值。

　　图 3.4 和图 3.6 分别为根据全部变量的 PM2.5 和 PM10 时间序列预测结果，图 3.5 和图 3.7 分别为根据 HSIC-Lasso-GC 选择变量的 PM2.5 和 PM10 时间序列预测结果。可以明显看出，基于全部变量的预测误差远大于基于所提出的因果分析方法的预测误差。所提方法能够为预测模型选取合适的输入变量，从而提高预测精度。

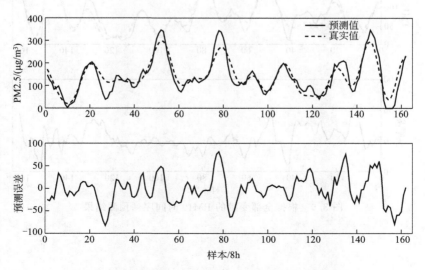

图 3.4　根据全部变量的 PM2.5 时间序列预测结果

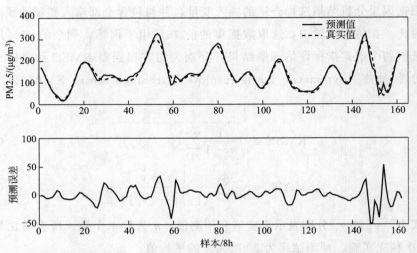

图 3.5　根据 HSIC-Lasso-GC 选择变量的 PM2.5 时间序列预测结果

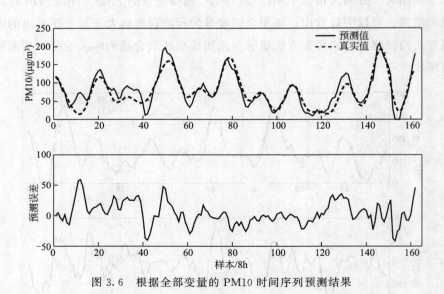

图 3.6　根据全部变量的 PM10 时间序列预测结果

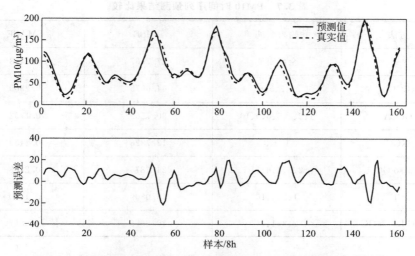

图 3.7   根据 HSIC-Lasso-GC 选择变量的 PM10 时间序列预测结果

表 3.6 和表 3.7 展示了所有对比算法的 PM2.5 和 PM10 时间序列的预测结果。由于 AQI 与气象时间序列之间存在复杂的非线性关系，基于线性模型的因果分析方法，即 CGCI、GCCA 和 Lasso-GC，难以获得理想的因果分析结果，因此对预测结果提升有限。与之相比，非线性因果分析方法，即 KGC、CE 和 HSIC-Lasso-GC，能够大幅度提升预测结果。其中，基于 HSIC-Lasso-GC 选择变量的预测误差最小，表明了所提方法的有效性。因此，可以得出结论，HSIC-Lasso-GC 模型能够有效地识别多变量系统的非线性因果关系，并且在实际应用中具有良好的前景。

表 3.6   PM2.5 时间序列预测结果比较

方法	输入变量	RMSE	SMAPE
—	全部变量	52.2034	0.2114
CGCI	1、5、9、11	49.0525	0.1733
GCCA	1、5、6、9	34.4513	0.1270
KGC	1、2、3	22.7686	0.0906
Lasso-GC	1、5、7、11	48.3912	0.1801
CE	1、2、4、8、9、10	26.2778	0.1098
HSIC-Lasso-GC	1、2、6、11	12.7031	0.0566

表 3.7　PM10 时间序列预测结果比较

方法	输入变量	RMSE	SMAPE
一	全部变量	27.7567	0.2463
CGCI	1、2、5、6	44.6675	0.2309
GCCA	1、2、4、5、6、9、10	30.7569	0.1792
KGC	1、2、9	12.7326	0.1150
Lasso-GC	2、5、7、8、11	24.2876	0.2278
CE	1、2、4、10	15.0809	0.1080
HSIC-Lasso-GC	2、3、4、11	10.8675	0.0857

针对 AQI 时间序列，许多学者经过研究发现污染物和气象因素对 PM2.5 浓度有很强的影响。例如，Chen 等[51] 研究了京津冀地区的气象因素对 PM2.5 浓度的影响关系，发现在冬季影响 PM2.5 浓度的主要气象因素包括风速、湿度和日照时间。在对比算法中，一些方法产生了明显的虚假因果关系，例如 KGC 识别出 CO→湿度，CE 识别出 NO_2→风速等。根据现有研究可知，风速在大气污染物扩散中发挥着重要作用，所提方法可以明确地分析风速对 PM2.5 和 PM10 浓度的影响。根据 HSIC-Lasso-GC 方法的因果分析结果，可以发现大气污染物和风速严重影响北京地区的 PM2.5 和 PM10 浓度。此外，通过 PM2.5 和 PM10 浓度的预测实验，证明了上述因果分析结果的有效性。

3.4　基于 HSIC-GLasso 的 Granger 因果关系分析模型

针对多元混沌时间序列的非线性因果关系分析，本节提出一种基于 Hilbert-Schmidt 独立性准则-群组 Lasso 回归模型的 Granger 因果分析（HSIC-GLasso-GC）方法。本节首先介绍 HSIC-GLasso 回归模型；然后介绍所提出的因果分析模型；最后将其应用于标准时间序列和实际的混沌系统的因果关系分析。

3.4.1　HSIC-GLasso 模型

Yamada 等人[40] 利用 HSIC 独立性准则，并借助 Lasso 回归模型，构建出一种非线性特征选择模型。该模型通过构建一个回归模型，就可以实现多个变量的分析，其计算效率较高。但是，Yuan 等人[52] 表示由于 Lasso 模型只针对单个输入变量进行选择，忽略了组派生变量间的相互作用关系，会影响选择结果的可解释意义。另外，Lasso 模型往往倾向于根据单个输入变量的强度选择具有依赖作用的变量，存在一定的缺陷。群组 Lasso 在经验风险最小化的同时，对组内和组间元素施加不同的惩罚约束，既分析了变量间单独的相互作用，也考虑了组内元素的依赖关系，可以有效解决上述问题。因此，本小节介绍基于群组 Lasso 的 HSIC 模型，简称 HSIC-GLasso 模型。

假设样本集合为 $\{(\boldsymbol{x}_i, y_i) | i = 1, 2, \cdots, n\}$，其中 $\boldsymbol{x}_i \in \mathbb{R}^d$ 为 d 维输入向量，$y_i \in \mathbb{R}$ 为输出值。构建 HSIC-GLasso 模型前，首先将 d 维输入特征分为 G 个组。d_g 表示第 g 组的特征维数。然后，将变量映射到 RKHS，得到 Gram 矩阵 $\boldsymbol{K}^{(k)} \in \mathbb{R}^{n \times n}$ 和 $\boldsymbol{L} \in \mathbb{R}^{n \times n}$。最后，构建 HSIC-GLasso 模型的目标函数

$$\min_{\boldsymbol{\alpha} \in \mathbb{R}^d} \frac{1}{2} \left\| \overline{\boldsymbol{L}} - \sum_{k=1}^{d} \alpha_k \overline{\boldsymbol{K}}^{(k)} \right\|_F^2 + \lambda \sum_{g=1}^{G} \sqrt{d_g} \, \|\alpha_g\|_2 \tag{3.37}$$
$$\text{s. t. } \alpha_1, \cdots, \alpha_d \geqslant 0$$

式中，$\sqrt{d_g}$ 用于确定不同组的大小。$\overline{\boldsymbol{K}}^{(k)} = \boldsymbol{H}\boldsymbol{K}^{(k)}\boldsymbol{H}$、$\overline{\boldsymbol{L}} = \boldsymbol{H}\boldsymbol{L}\boldsymbol{H}$、$\boldsymbol{H} \in \mathbb{R}^{n \times n}$ 为与式（3.24）相同的中心化矩阵，$K_{ij}^{(k)} = K(x_{ki}, x_{kj})$，$k = 1, 2, \cdots, d$，$L_{ij} = L(y_i, y_j)$，$K(x, x')$ 和 $L(y, y')$ 为核函数。在求解时，采用矢量化算子对上式（3.37）进行改写

$$\frac{1}{2} \left\| \text{vec}(\overline{\boldsymbol{L}}) - \left[\text{vec}(\overline{\boldsymbol{K}}^{(1)}), \cdots, \text{vec}(\overline{\boldsymbol{K}}^{(d)}) \right] \boldsymbol{\alpha} \right\|_2^2 \tag{3.38}$$

式中，vec(•) 表示矢量化算子。经过上述变形后，利用 shooting 算法[52]，式（3.37）解的充分必要条件为

$$\left[\text{vec}(\overline{\boldsymbol{K}}^{(g)}) \right]^{\mathsf{T}} (\text{vec}(\overline{\boldsymbol{L}}) - \text{vec}(\overline{\boldsymbol{K}})\alpha_{-g} - \text{vec}(\overline{\boldsymbol{K}}^{(g)})\alpha_g) + \frac{\lambda\sqrt{d_g}\alpha_g}{\|\alpha_g\|} = \mathbf{0}, \forall \alpha_g \neq \mathbf{0}$$

$$\left\| -\left[\text{vec}(\overline{\boldsymbol{K}}^{(g)}) \right]^{\mathsf{T}} (\text{vec}(\overline{\boldsymbol{L}}) - \sum_{k \neq g} \left[\text{vec}(\overline{\boldsymbol{K}}^{(k)}) \right] \alpha_g) \right\| \leqslant \lambda\sqrt{d_g}, \forall \alpha_g = \mathbf{0}$$

$$\tag{3.39}$$

其中，$\left[\text{vec}(\overline{\boldsymbol{K}}^{(g)}) \right]^{\mathsf{T}} \text{vec}(\overline{\boldsymbol{K}}^{(g)}) = \boldsymbol{I}$。由上式可以求得

$$\alpha_g = \left(1 - \frac{\lambda\sqrt{d_g}}{\|\boldsymbol{S}_g\|} \right)_+ \boldsymbol{S}_g \tag{3.40}$$

式中，$\boldsymbol{S}_g = \left[\text{vec}(\overline{\boldsymbol{K}}^{(g)}) \right]^{\mathsf{T}} \left[\text{vec}(\overline{\boldsymbol{L}}) - \text{vec}(\overline{\boldsymbol{K}})\boldsymbol{\alpha}_{-g} \right]$，$\boldsymbol{\alpha}_{-g} = \left[\boldsymbol{\alpha}_1^{\mathsf{T}}, \cdots, \boldsymbol{\alpha}_{g-1}^{\mathsf{T}}, \right.$

$\mathbf{0}, \boldsymbol{\alpha}_{g+1}^{\mathrm{T}}, \cdots, \boldsymbol{\alpha}_G^{\mathrm{T}}]$。然后，迭代求解，并求解得到因果邻接矩阵。

3.4.2 基于 HSIC-GLasso 的 Granger 因果关系分析

本节将 Granger 因果关系分析与 HSIC-GLasso 回归模型相结合，提出一种基于 HSIC-GLasso 的 Granger 因果分析模型。首先，Granger 因果模型的应用前提是平稳时间序列，因此需要对时间序列进行平稳性检验。检验方法采用 ADF 检验[42]。然后采用贝叶斯信息准则[53] 确定最优的模型阶数和正则化参数。BIC 定义为

$$\mathrm{BIC} = k\ln(n) - 2\ln(L) \tag{3.41}$$

式中，L 表示似然函数；k 表示模型有效参数的个数；n 为样本数。对于线性回归模型 $y = \boldsymbol{W}^{\mathrm{T}}\boldsymbol{X} + \varepsilon$，即 $P(y \mid \boldsymbol{X}, \theta) \sim N(y \mid \boldsymbol{W}^{\mathrm{T}}\boldsymbol{X}, \sigma^2)$，其似然函数为

$$L(\theta) = -\frac{n}{2}\ln(2\pi\sigma^2) - \frac{1}{2\sigma^2}\sum_{i=1}^{n}(y_i - \boldsymbol{W}^{\mathrm{T}}\boldsymbol{X}_i)^2 \tag{3.42}$$

式中，$-\dfrac{n}{2}\ln(2\pi\sigma^2)$ 是一个常数项，定义 $\mathrm{RSS}(\boldsymbol{W}) = \sum_{i=1}^{n}(y_i - \boldsymbol{W}^{\mathrm{T}}\boldsymbol{X}_i)^2$ 为模型的残差平方和。省略常数项 $-\dfrac{n}{2}\ln(2\pi\sigma^2)$ 后，上式(3.41) 可以近似为

$$\mathrm{BIC} = k\ln(n) + n\ln(\mathrm{RSS}) \tag{3.43}$$

式中，$k\ln(n)$ 用于评价模型的拟合准确性，第二项 $n\ln(\mathrm{RSS})$ 表示对模型复杂度的惩罚力度。通过上式(3.43) 可以对模型参数进行估计，可以提高结果的准确性。最后以 BIC 选择的参数建立 HSIC-GLasso 模型，并根据显著性检验结果确定变量间的因果关系，完成多元混沌时间序列的非线性因果关系分析，具体的显著性检验参考 3.3.3 节。

3.4.3 仿真实例

为了验证基于 HSIC-GLasso 的 Granger 因果关系分析方法的有效性，分别采用一组标杆数据、沈阳空气质量指标 AQI 和气象时间序列数据集进行仿真实验。其中，标杆数据为多变量非线性耦合系统，空气质量指标与气象时间序列为实际采集的多元时间序列。对比方法包括基于改进的逆向时间选择的条件 Granger 因果模型 （mBTS-CGCI）[4]、Lasso-Granger 因果模型[7]、基于核方法的非线性 Granger 因果模型 （KGC）[11] 和基于混合嵌入的偏互信息 （PMIME）[25]。

（1）多变量非线性标杆数据因果分析

本小节采用一组由数学方程产生的标准数据集进行仿真实验。该数据集是一个包含四维变量的 5 阶非线性系统 VAR_4（5）[54]，其产生方程为

$$\begin{cases} X_{1,t} = 0.8 X_{1,t-1} + 0.65 X_{2,t-4} + \varepsilon_{1,t} \\ X_{2,t} = 0.6 X_{2,t-1} + 0.6 X_{4,t-5}^2 + \varepsilon_{2,t} \\ X_{3,t} = 0.5 X_{3,t-3} - 0.6 X_{1,t-1}^2 + 0.4 X_{2,t-4} + \varepsilon_{3,t} \\ X_{4,t} = 1.2 X_{4,t-1} - 0.7 X_{4,t-2} + \varepsilon_{4,t} \end{cases} \tag{3.44}$$

式中，ε 表示高斯白噪声序列。实验中共产生 1000 组数据进行仿真实验。可以看到，系统中真实存在的因果关系为 $X_1 \rightarrow X_3$、$X_2 \rightarrow X_1$、$X_2 \rightarrow X_3$ 和 $X_4 \rightarrow X_2$。图 3.8 和图 3.9 是本书方法利用 BIC 选择模型阶数和群组 Lasso 惩罚系数的示意图。子图（a）、（b）、（c）和（d）分别表示目标变量为 X_1、X_2、X_3 和 X_4 的仿真结果。当 BIC 为最小值时，表示其对应的模型阶数和惩罚系数是最优选择结果。

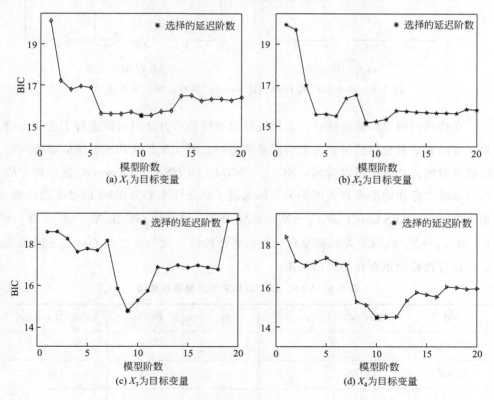

图 3.8   基于 BIC 的 HSIC-GLasso-GC 模型阶数选择

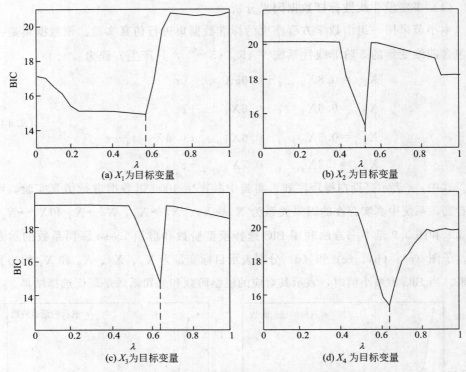

图 3.9　基于 BIC 的 HSIC-GLasso-GC 模型正则化参数选择

在构建出因果邻接矩阵后，采用统计显著性检验方法对结果进行了进一步检验，可以有效避免偶然因素带来的误差的影响。表 3.8 是这几种方法的显著性检验结果对比。从表中可以看到，KGC、PMIME 和 HSIC-GLasso-GC 这三种方法对原系统中存在的所有真实因果关系都通过了显著性水平为 0.05 的显著性检验。相比之下，mBTS-CGCI 在 $X_1 \rightarrow X_3$ 和 $X_4 \rightarrow X_2$，Lasso-GC 在 $X_2 \rightarrow X_1$、$X_2 \rightarrow X_3$ 和 $X_4 \rightarrow X_2$ 的因果关系都没有通过显著性检验。此外，虚假 Granger 因果关系的显著性检验也存在类似的结果。

表 3.8　VAR_4（5）因果关系的显著性检验

方法	mBTS-CGCI	Lasso-GC	KGC	PMIME	HSIC-GLasso-GC
$X_1 \rightarrow X_2$	2	95	0	37	0
$X_1 \rightarrow X_3$	15	96	98	98	100
$X_1 \rightarrow X_4$	2	4	5	1	3

续表

方法	mBTS-CGCI	Lasso-GC	KGC	PMIME	HSIC-GLasso-GC
$X_2 \to X_1$	98	2	100	100	99
$X_2 \to X_3$	95	4	96	99	96
$X_2 \to X_4$	0	0	1	0	0
$X_3 \to X_1$	2	16	3	0	1
$X_3 \to X_2$	1	2	0	62	3
$X_3 \to X_4$	0	1	2	3	0
$X_4 \to X_1$	0	2	0	4	0
$X_4 \to X_2$	45	68	97	98	96
$X_4 \to X_3$	2	0	0	25	3

（2）沈阳 AQI 及气象数据集仿真实验

本小节选用沈阳 AQI 及气象时间序列进行仿真实验。数据集共十一维变量，每一维变量的样本数为 886。AQI 及气象数据集来自 UCI 数据库，采样时间为 2014 年 3 月 24 日到 2015 年 2 月 22 日，包含 PM2.5、PM10 等六维空气污染物和气温、风速等五维气象变量。其变量编号及对应的物理意义如表 3.9 所示。本书以 PM2.5 为目标变量，采用因果关系分析方法分析其他十维变量对 PM2.5 的因果影响关系。并在此基础之上，以因果分析结果作为预测模型的输入子集，根据最终的预测结果来验证因果分析和选择的变量子集的准确性。

表 3.9　沈阳 AQI 和气象时间序列编号及变量对照表

编号	1	2	3	4	5	6	7	8	9	10	11
变量	PM2.5	PM10	O_3	NO_2	SO_2	CO	气温	露点	气压	湿度	风速

首先，采用 ADF 检验对沈阳 AQI 及气象时间序列的平稳性进行分析。然后，以 PM2.5 为目标变量，构建因果分析模型，获得因果邻接矩阵，并结合显著性检验结果推断变量间的因果关系。最后，建立时间序列预测模型对因果结果进行验证。其中，HSIC-GLasso-GC 的模型阶数和正则化参数选择结果如图 3.10 所示。

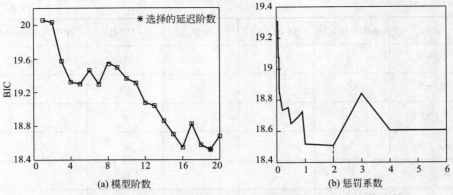

图 3.10 基于 BIC 的 HSIC-GLasso-GC 模型阶数及正则化参数选择

所提方法和四种对比方法的因果分析结果如表 3.10 所示。可以看到，所提方法识别出 PM10、O_3、SO_2、CO 和风速对 PM2.5 具有明显的因果影响，符合当地的实际情况。PM2.5 是指空气中直径小于 $2.5\mu m$ 的微粒，其产生途径有两种：直接排放和二次产生。其中，空气中的气态物质如 SO_2、VOCs 和 NO_x 等经过一系列物理及化学反应产生 PM2.5 的过程称为 PM2.5 的二次产生。沈阳市位于辽河平原中部，是我国重要的重工业基地，环境及空气质量易受到周边工业生产所产生的燃煤废气等的影响。另外，随着经济发展及汽车的普及，沈阳市的空气也会受到汽车排放尾气的污染。而 CO、NO_x、SO_2 和烟尘微粒等大多来源于工业废气及汽车尾气排放。由于空气中的 SO_2、NO_x 等污染气体的增加，PM2.5 的浓度易受到如 SO_2、NO_x 等的影响，因此 PM2.5 的浓度往往也会随之上升。此外，污染物的聚集、扩散也会受到风速的影响。一般来说，风速越大，PM2.5 越难聚集，更易扩散，PM2.5 的浓度越低。反之，风速越小，PM2.5 的扩散程度越小，PM2.5 浓度越高。所以，风速在很大程度上会影响 PM2.5 的浓度。综上所述，本书方法的 Granger 因果检验结果符合沈阳当地 PM2.5 的浓度变化的影响关系情况，从而验证了 HSIC-GLasso-GC 方法的有效性。

表3.10 不同方法选择的 PM2.5 因变量

方法	因变量	方法	因变量
mBTS-CGCI	NO_2、气压、湿度、风速	PMIME	风速
Lasso-GC	PM10、O_3、气温、露点、湿度	HSIC-GLasso-GC	PM10、O_3、SO_2、CO、风速
KGC	PM10、O_3、NO_2、气压、湿度		

　　在获得因果邻接矩阵及因果检验结果之后，建立预测模型，将因果检验结果选择得到的变量子集作为预测模型的输入，对结果进行进一步验证。其中，预测模型选择回声状态网络（ESN）[53]。根据因果分析结果选择合适的输入变量，并与包含全部输入变量的预测结果进行对比。在仿真实验中，选取数据集的前75%用于训练，剩余的25%用于测试。图 3.11 和图 3.12 分别是不采用因果分析方法，直接将全部变量作为预测模型的输入预测 PM2.5 和基于 HSIC-GLasso-GC 选择输入变量的 PM2.5 的预测效果图。可以看到，所提方法的预测曲线能够更加准确地跟踪 PM2.5 浓度的变化趋势，具有更好的拟合效果和更小的预测误差。

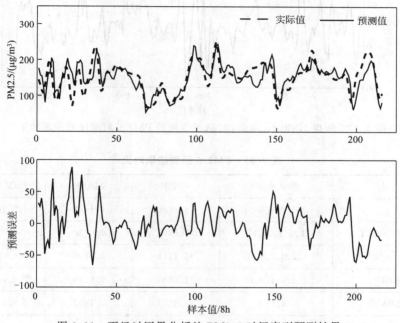

图 3.11　不经过因果分析的 PM2.5 时间序列预测结果

　　表 3.11 是不同方法关于 PM2.5 的预测精度对比。从表中可以看出，相比于其他几种方法，本文方法具有更高的预测精度，在三个预测指标中都取得了最小值，具有明显的优势。由于实际系统较为复杂，且具有非线性特点，适用于线性系统的 mBTS-CGCI 和 Lasso-GC 方法，可能无法准确识别出变量间存在的非线性因果关系。另外，由于这两种方法可能无法正确地剔除所有无关变量和冗余变量，进一步降低了预测精度。而 PMIME、KGC 和 HSIC-GLasso-GC 都能够检验实际系统的非线性因果关系，具有较高的预测精度。但是，由于 PMIME 涉及

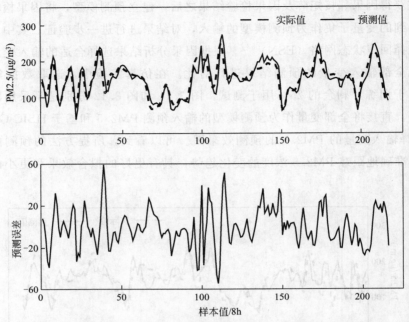

图 3.12　根据 HSIC-GLasso-GC 选择变量的 PM2.5 时间序列预测结果

表 3.11　PM2.5 预测结果对比

方法	输入变量	RMSE	MAPE	SMAPE
—	全部变量	41.8228	0.1111	0.1061
mBTS-CGCI	1、4、9、10、11	35.8618	0.0930	0.0893
Lasso-GC	1、2、3、7、8、10	45.1141	0.0836	0.0800
KGC	1、2、3、4、9、10	31.8580	0.0746	0.0723
PMIME	1、11	34.4565	0.1093	0.1048
HSIC-GLasso-GC	1、2、3、5、6、11	**26.7253**	**0.0653**	**0.0638**

到边缘概率密度函数的计算，当面对数据规模较大的复杂多变量系统时，其计算难度和计算成本都会显著增加，这将会大大限制其应用范围，难以进行推广使用。相比之下，本书方法不仅检验结果准确，而且计算效率高，能够检验复杂多变量系统的非线性 Granger 因果关系，并取得良好的分析结果。综上，可以看出本书所提方法能够有效识别多变量系统的非线性 Granger 因果关系，精简预测模型的输入，为模型选择相关的输入子集，提高预测精度，具有良好的研究意义和应用价值。

参考文献

［1］ Granger C W J. Investigating causal relations by econometric models and cross-spectral methods ［J］.Econometrica: Journal of the Econometric Society, 1969: 424-438.

［2］ Geweke J. Measurement of linear dependence and feedback between multiple time series ［J］. Journal of the American Statistical Association, 1982, 77（378）: 304-313.

［3］ Chen Y H, Rangarajan G, Feng J F, Ding M Z. Analyzing multiple nonlinear time series with extended Granger causality ［J］. Physics Letters A, 2004, 324（1）: 26-35.

［4］ Siggiridou E, Kugiumtzis D. Granger causality in multivariate time series using a time-ordered restricted vector autoregressive model ［J］. IEEE Transactions on Signal Processing, 2016, 64（7）: 1759-1773.

［5］ Arnold A, Liu Y, Abe N. Temporal causal modeling with graphical granger methods ［C］. Proceedings of the 13th ACM SIGKDD international conference on Knowledge discovery and data mining, 2007: 66-75.

［6］ Shojaie A, Michailidis G. Discovering graphical Granger causality using the truncating lasso penalty ［J］.Bioinformatics, 2010, 26（18）: i517-i523.

［7］ Bolstad A, van Veen B D, Nowak R. Causal network inference via group sparse regularization ［J］. IEEE transactions on signal processing, 2011, 59（6）: 2628-2641.

［8］ Yang G, Wang L, Wang X. Reconstruction of complex directional networks with group lasso nonlinear conditional Granger causality ［J］. Scientific Reports, 2017, 7（1）: 1-14.

［9］ Hu M, Liang H. A copula approach to assessing Granger causality ［J］. NeuroImage, 2014, 100: 125-134.

［10］ Ancona N, Marinazzo D, Stramaglia S. Radial basis function approach to nonlinear Granger causality of time series ［J］. Physical Review E, 2004, 70（5）: 056221.

［11］ Marinazzo D, Pellicoro M, Stramaglia S. Kernel method for nonlinear Granger causality ［J］. Physical review letters, 2008, 100（14）: 144103.

［12］ Wu G, Duan X, Liao W, et al. Kernel canonical-correlation Granger causality for multiple time series ［J］. Physical Review E, 2011, 83（4）: 041921.

［13］ Montalto A, Stramaglia S, Faes L, et al. Neural networks with non-uniform embedding and explicit validation phase to assess Granger causality ［J］. Neural Networks, 2015, 71: 159-171.

［14］ Hiemstra C, Jones J D. Testing for linear and nonlinear Granger causality in the stock price-volume relation ［J］. The Journal of Finance, 1994, 49（5）: 1639-1664.

［15］ Diks C, Panchenko V. A new statistic and practical guidelines for nonparametric Granger causality testing ［J］. Journal of Economic Dynamics and Control, 2006, 30（9-10）: 1647-1669.

［16］ Barrett A B, Barnett L, Seth A K. Multivariate Granger causality and generalized variance ［J］. Physical Review E, 2010, 81（4）: 041907.

［17］ Baccalá L A, Sameshima K. Partial directed coherence: a new concept in neural structure determination ［J］. Biological Cybernetics, 2001, 84（6）: 463-474.

［18］ Kamiński M, Ding M, Truccolo W A, et al. Evaluating causal relations in neural systems: Granger causality, directed transfer function and statistical assessment of significance ［J］. Biological Cybernetics, 2001, 85（2）: 145-157.

［19］ Schäck T, Muma M, Feng M, et al. Robust nonlinear causality analysis of nonstationary multivariate physiological time series ［J］. IEEE Transactions on Biomedical Engineering, 2017, 65（6）: 1213-1225.

［20］ Schreiber T. Measuring information transfer ［J］. Physical Review Letters, 2000, 85（2）: 461-464.

［21］ Barnett L, Barrett A B, Seth A K. Granger causality and transfer entropy are equivalent for Gaussian variables ［J］. Physical Review Letters, 2009, 103（23）: 238701.

［22］ Montalto A, Faes L, Marinazzo D. MuTE: a MATLAB toolbox to compare established and novel estimators of the multivariate transfer entropy ［J］. PloS one, 2014, 9（10）: e109462.

［23］ Staniek M, Lehnertz K. Symbolic transfer entropy ［J］. Physical Review Letters, 2008, 100（15）: 158101.

［24］ Papana A, Kyrtsou C, Kugiumtzis D, et al. Detecting causality in non-stationary time series using partial symbolic transfer entropy: Evidence in financial data ［J］. Computational economics, 2016, 47 (3): 341-365.

［25］ Kugiumtzis D. Direct-coupling information measure from nonuniform embedding ［J］. Physical Review E, 2013, 87 (6): 062918.

［26］ Faes L, Nollo G, Porta A. Information-based detection of nonlinear Granger causality in multivariate processes via a nonuniform embedding technique ［J］. Physical Review E, 2011, 83 (5): 051112.

［27］ Runge J, Heitzig J, Petoukhov V, et al. Escaping the curse of dimensionality in estimating multivariate transfer entropy ［J］. Physical Review Letters, 2012, 108 (25): 258701.

［28］ Kalman R E. A new approach to linear filtering and prediction problems ［J］. Journal of Basic Engineering, 1960, 82 (1): 35-45.

［29］ Solo V. State-space analysis of Granger-Geweke causality measures with application to fMRI ［J］. Neural Computation, 2016, 28 (5): 914-949.

［30］ Jinno K, Xu S, Berndtsson R, Kawamura A, Matsumoto M. Prediction of unspots using reconstructed chaotic system equations ［J］. Journal of Geophysical Research: Space Physics, 1995, 100 (A8): 14773-14781.

［31］ Hong M, Wang D, Wang Y, Zeng X, Ge S, Yan H, et al. Mid-and long-term runoff predictions by an improved phase-space reconstruction model ［J］. Environmental Research, 2016, 148: 560-573.

［32］ Arnhold J, Grassberger P, Lehnertz K, et al. A robust method for detecting interdependences: application to intracranially recorded EEG ［J］. Physica D: Nonlinear Phenomena, 1999, 134 (4): 419-430.

［33］ Quiroga R Q, Kraskov A, Kreuz T, et al. Performance of different synchronization measures in real data: a case study on electroencephalographic signals ［J］. Physical Review E, 2002, 65 (4): 041903.

［34］ Andrzejak R G, Kraskov A, Stögbauer H, et al. Bivariate surrogate techniques: necessity, strengths, and caveats ［J］. Physical review E, 2003, 68 (6): 066202.

［35］ Chicharro D, Andrzejak R G. Reliable detection of directional couplings using rank statistics ［J］. Physical Review E, 2009, 80 (2): 026217.

［36］ Sugihara G, May R, Ye H, et al. Detecting causality in complex ecosystems ［J］. Science, 2012, 338 (6106): 496-500.

［37］ Ma H, Aihara K, Chen L. Detecting causality from nonlinear dynamics with short-term time series ［J］. Scientific Reports, 2014, 4 (1): 1-10.

［38］ Gretton A, Bousquet O, Smola A, et al. Measuring statistical dependence with Hilbert-Schmidt norms ［C］. International conference on algorithmic learning theory. Berlin, Heidelberg: Springer, 2005: 63-77.

［39］ Gretton A, Fukumizu K, Teo C H, et al. A kernel statistical test of independence ［C］. NIPS, 2007, 20: 585-592.

［40］ Yamada M, Jitkrittum W, Sigal L, et al. High-dimensional feature selection by feature-wise kernelized lasso ［J］. Neural Computation, 2014, 26 (1): 185-207.

［41］ Peng H, Long F, Ding C. Feature selection based on mutual information criteria of max-dependency, max-relevance, and min-redundancy ［J］. IEEE Transactions on Pattern Analysis and Machine Intelligence, 2005, 27 (8): 1226-1238.

［42］ Yang L, Lee C, Su J J. Behavior of the standard Dickey-Fuller test when there is a Fourier-form break under the null hypothesis ［J］. Economics Letters, 2017, 159: 128-133.

［43］ Takens F. Detecting strange attractors in turbulence ［M］. Dynamical systems and turbulence, Warwick 1980. Berlin, Heidelberg: Springer, 1981: 366-381.

［44］ Kugiumtzis D. State space reconstruction parameters in the analysis of chaotic time series——the role of the time window length ［J］. Physica D: Nonlinear Phenomena, 1996, 95 (1): 13-28.

［45］ Kim H S, Eykholt R, Salas J D. Nonlinear dynamics, delay times, and embedding windows ［J］. Physica D: Nonlinear Phenomena, 1999, 127（1-2）: 48-60.

［46］ Zhang Y, Li R, Tsai C L. Regularization parameter selections via generalized information criterion ［J］.Journal of the American Statistical Association, 2010, 105（489）: 312-323.

［47］ Stoica P, Selen Y. Model-order selection: a review of information criterion rules ［J］. IEEE Signal Processing Magazine, 2004, 21（4）: 36-47.

［48］ Seth A K. A MATLAB toolbox for Granger causal connectivity analysis ［J］. Journal of neuroscience methods, 2010, 186（2）: 262-273.

［49］ Papana A, Kyrtsou C, Kugiumtzis D, et al. Simulation study of direct causality measures in multivariate time series ［J］. Entropy, 2013, 15（7）: 2635-2661.

［50］ 伦淑娴, 林健, 姚显双.基于小世界回声状态网的时间序列预测［J］.自动化学报, 2015, 41（9）: 1669-1679.

［51］ Chen Z, Cai J, Gao B, et al. Detecting the causality influence of individual meteorological factors on local PM 2.5 concentration in the Jing-Jin-Ji region ［J］. Scientific Reports, 2017, 7（1）: 1-11.

［52］ Yuan M, Lin Y. Model selection and estimation in regression with grouped variables ［J］. Journal of the Royal Statistical Society: Series B（Statistical Methodology）, 2006, 68（1）: 49-67.

［53］ Chen J, Chen Z. Extended Bayesian information criteria for model selection with large model spaces ［J］.Biometrika, 2008, 95（3）: 759-771.

［54］ Jia Z, Lin Y, Liu Y, et al. Refined nonuniform embedding for coupling detection in multivariate time series ［J］. Physical Review E, 2020, 101（6）: 062113.

第4章

混沌时间序列的分解方法与组合预测模型

随着时间序列预测的研究对象逐渐向实际序列发展，采用单个模型进行建模往往不能获得令人满意的预测效果。经验模态分解算法是一种里程碑式的信号分析方法，它能将信号自适应地分解为若干个简单的、易于建模的子信号，从而大大降低建模难度，有效提升预测精度。本章首先概述经验模态分解算法，然后分别介绍两类基于分解算法的组合预测模型。

4.1 混沌时间序列经验模态分解方法概述

经验模态分解（empirical mode decomposition，EMD）算法最初由 Huang 等人提出，是一种常用的非线性和非平稳时间序列自适应处理技术[1]。自适应性体现在 EMD 分解完全依据信号自身的时间尺度特征，相比于小波分解、小波包分解等，EMD 算法无需事先设置基函数、分解尺度等，能够有效减少人为干预。

经验模态分解算法的基本原理是将原始信号自适应地分解为一系列振荡函数，包括若干个具有不同特征尺度的本征模态函数（intrinsic mode function，IMF）和一个残余序列。判断一个信号是否是本征模态函数，要看其是否满足如下两个基本条件：

ⅰ.在整个数据序列中，信号极值点的个数与过零点的个数必须相等，或最多相差一个；

ⅱ.在信号的任意数据点处，其局部上下包络线是对称的，即局部上下包络线的均值必须为零。

但对于非理想情况下的实际时间序列，通常不能满足上述两个条件，因此 Huang 提出了如下假设：

ⅰ.所有时间序列都由本征模态函数相互混叠而成；

ⅱ.本征模态函数可以是线性或非线性的，且极值点与过零点的个数相同，上下包络线在局部范围内关于时间轴对称。

从本质上讲，经验模态分解算法的求解过程是一个"筛"的过程，从该过程中依此得到频率由高到低的本征模态函数，最终剩余一个不能再分解的单调残余序列，也称为趋势项。接下来介绍 EMD 算法的具体筛分过程，如图 4.1 所示。具体步骤如下：

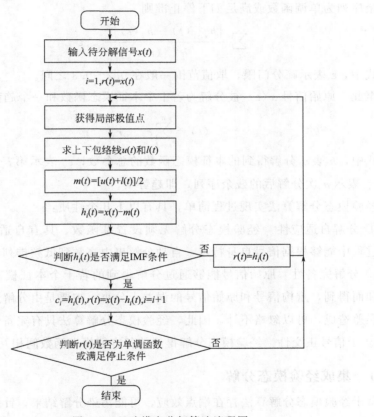

图 4.1　经验模态分解算法流程图

步骤一　获得待分解的原始序列 $x(t)$ 所有的局部极值点。

步骤二　根据极大值点的位置，采用三次样条插值方法构建信号的上包络线 $u(t)$，并根据同样的方法获得信号的下包络线 $l(t)$。

步骤三　计算上下包络线的均值，记为 $m(t)$

$$m(t)=[u(t)+l(t)]/2 \tag{4.1}$$

步骤四 从原始信号中筛去 $m(t)$，将剩余部分记为 $h_1(t)$

$$h_1(t) = x(t) - m(t) \tag{4.2}$$

判断 $h_1(t)$ 是否满足本征模态函数的两个基本条件，若满足，则将 $h_1(t)$ 定为原始信号的第一个 IMF 分量 c_1，它是分解得到的一系列本征模态函数中频率最高的分量，同时，在下次筛分过程中采用 $r(t) = x(t) - h_1(t)$ 替代 $x(t)$；若不满足，则用上次筛分得到的 $h_1(t)$ 替代原始信号 $x(t)$，重复以上四步，直至残余序列为单调函数或满足如下停止准则

$$\sum_t \frac{|h_{i-1}(t) - h_i(t)|^2}{h_{i-1}^2(t)} \leqslant \varepsilon \tag{4.3}$$

式中，ε 表示筛分门限，取值范围一般在 0.2～0.3 之间。

至此，原始信号 $x(t)$ 被分解为若干个本征模态函数和一个趋势项，表示为

$$x(t) = \sum_{i=1}^n c_i + r_n \tag{4.4}$$

式中，n 表示分解得到的本征模态函数的总个数；c_i 表示第 i 个本征模态函数，r_n 表示 n 次分解后的残余序列，即趋势项。

经验模态分解算法实现过程简单，具有以下几个性质：

① 分解自适应性　经验模态分解无须设置基函数，具有自适应的分辨率，分解过程中能够根据信号自身特点，自动分解出由高频到低频排列的子信号。

② 分解完备性　原始信号能够通过分解得到的若干个本征模态函数和趋势项求和而得到，重构信号和原始信号的误差十分小，主要是由分解过程中数值的取舍误差造成，可以忽略不计，因此，经验模态分解算法具有完备性。

③ 子信号正交性　经验模态分解得到的各本征模态函数间相互正交。

4.1.1　集成经验模态分解

由于经验模态分解算法存在端点效应，可能污染分解结果，针对因此产生的模态混叠现象，Huang 等人提出集成经验模态分解（ensemble empirical mode decomposition，EEMD）算法[2]，显著地提高了经验模态分解算法的应用价值。

集成经验模态分解算法的主要思想是：向原始序列添加辅助白噪声，对两者混合后的信号进行经验模态分解，重复 N 次此过程，将得到的 N 组 IMF 分量和 N 个趋势项分别取平均，将其均值作为集成经验模态分解的最终分解结果。在集成平均过程中，添加的白噪声能够相互抵消，同时克服了经验模态分解算法存在的模态混叠问题，更好地实现信号分解，是经验模态分解算法的重要改进。

在 EMD 算法的基础上，下面介绍 EEMD 算法的具体计算过程，并将此过程总结于图 4.2。具体步骤如下：

步骤一　在原始信号 $x(t)$ 中添加低信噪比的随机白噪声序列 $\varepsilon_m(t)$，得到混合信号 $x_m(t)$

$$x_m(t) = x(t) + \varepsilon_m(t) \tag{4.5}$$

式中，m 表示第 m 次混合过程，$m=1$，$2,\cdots,N$，N 表示向原始信号叠加白噪声的总次数，通常设置为 100。

步骤二　对混合信号 $x_m(t)$ 进行 EMD 分解，得到第 m 次分解后的一系列子序列 $c_{im}(i=1,2,\cdots,n)$ 和残余序列 r_m。

步骤三　重复以上过程，直至 $m=N$，即进行 N 次 EMD 分解。

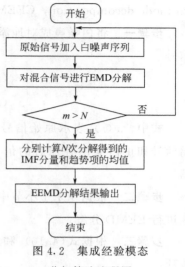

图 4.2　集成经验模态
分解算法流程图

步骤四　对每一个 i，计算 c_{im} 的均值，将其平均结果作为 $x(t)$ 经 EEMD 分解得到的第 i 个 IMF 分量

$$\bar{c}_i = \frac{1}{N}\sum_{m=1}^{N} c_{im} \tag{4.6}$$

同样，对 m 次分解的残余序列 r_m 取平均，得到 $x(t)$ 经 EEMD 分解后的最终趋势项

$$\bar{r} = \frac{1}{N}\sum_{m=1}^{N} r_m \tag{4.7}$$

步骤五　至此，$x(t)$ 被分解为

$$x(t) = \sum_{i=1}^{n} \bar{c}_i + \bar{r} \tag{4.8}$$

式中，n 表示分解得到的本征模态函数的总个数。

4.1.2　完整集成经验模态分解

由上节可知，为了解决模态混叠问题，集成经验模态分解算法采用噪声辅助方法，但在信号重构时，引入的噪声并不能完全抵消，实验中一般通过增加集成次数来减弱残留噪声的相对大小，但会增加计算耗时。为了解决经验模态分解算法的模态混叠现象，同时消除集成经验模态分解过程中添加的白噪声对信号重构的影响，Huang 等人提出了完整集成经验模态分解（complete ensemble empirical mode decomposition，CEEMD）算法[3]。CEEMD算法分解过程如下：

步骤一 将白噪声成对地添加到原始信号 $x(t)$ 中，生成两组互补的待分解信号

$$\begin{bmatrix} x_1(t) \\ x_2(t) \end{bmatrix} = \begin{bmatrix} 1 & 1 \\ 1 & -1 \end{bmatrix} \begin{bmatrix} x(t) \\ \varepsilon(t) \end{bmatrix} \tag{4.9}$$

式中，$x(t)$ 表示原始信号；$\varepsilon(t)$ 表示加入的白噪声序列；$x_1(t)$ 表示原始信号和正白噪声叠加后的信号；$x_2(t)$ 表示原始信号和负白噪声叠加后的信号。

步骤二 根据4.1.1小节中介绍的 EEMD 分解过程，对 $x_1(t)$ 和 $x_2(t)$ 分别进行 EEMD 分解。

步骤三 根据式（4.10）和式（4.11）分别求取 CEEMD 的 IMF 子序列和趋势项

$$\bar{c}_i = \frac{1}{2N}\left(\sum_{m=1}^{N} c_{im}^1 + \sum_{m=1}^{N} c_{im}^2\right) \tag{4.10}$$

$$\bar{r} = \frac{1}{2N}\left(\sum_{m=1}^{N} r_m^1 + \sum_{m=1}^{N} r_m^2\right) \tag{4.11}$$

式中，c_{im}^1、c_{im}^2 和 r_m^1、r_m^2 分别表示混合信号 $x_1(t)$ 和 $x_2(t)$ 分解得到的子序列和残余序列。

步骤四 最终，CEEMD算法将原始信号分解为

$$x(t) = \sum_{i=1}^{n} \bar{c}_i + \bar{r} \tag{4.12}$$

4.1.3 具有自适应噪声的完整集成经验模态分解

EEMD 和 CEEMD 都通过添加辅助白噪声来处理模态混叠问题，但重构误差的大小与集成次数相关，虽然白噪声的影响会随着集成次数的增加而逐渐减少，但集成次数的增加使得计算成本变大。针对此问题，有学者提出了具有自适应噪声的完整集成经验模态分解（complete ensemble empirical mode decomposition with adaptive noise，CEEMDAN）算法[4]，它在分解过程中的每个阶段都添加自适应白噪声，通过计算唯一的余量信号获得一系列 IMF 子序列，在较少的集成次数后就能够实现重构误差几乎为零。CEEMDAN 能够很好地克服 EMD 中存在的模态混叠问题，同时解决 EEMD 和 CEEMD 通过增加集成次数来减小重构误差而导致的计算效率低的问题。CEEMDAN 算法的计算过程

如下：

步骤一　在原始信号 $x(t)$ 中加入一系列自适应白噪声

$$x^i(t) = x(t) + \boldsymbol{\omega}_0 \varepsilon^i(t), \ i \in \{1, \cdots, I\} \tag{4.13}$$

式中，$x^i(t)$ 表示第 i 次加入白噪声后的信号；$\boldsymbol{\omega}_0$ 表示噪声系数；$\varepsilon^i(t)$ 表示第 i 次添加的自适应白噪声；I 表示集成次数，通常设置为较小的数（10～20 之间均可）。

步骤二　对每个 $x^i(t)$ 信号，分别采用 EMD 对其进行分解获得第一个 IMF 分量，然后对其取均值

$$c_1(t) = \frac{1}{I} \sum_{i=1}^{I} c_1^i \tag{4.14}$$

式中，c_1^i 表示对 $x^i(t)$ 信号进行 EMD 分解得到的第一个 IMF 子信号。则第一个余量信号为

$$r_1(t) = x(t) - c_1(t) \tag{4.15}$$

步骤三　对加入自适应噪声的余项进行 EMD 分解，获得第二个 IMF 子信号

$$c_2(t) = \frac{1}{I} \sum_{i=1}^{I} E_1 \{ r_1(t) + \boldsymbol{\omega}_1 E_1 [\varepsilon^i(t)] \} \tag{4.16}$$

式中，$E(\cdot)$ 表示 EMD 分解算子。

步骤四　重复以下步骤，计算其余的 IMF 子信号

$$r_k(t) = r_{k-1}(t) - c_k(t), \ k = 2, 3, \cdots, K \tag{4.17}$$

$$c_{k+1}(t) = \frac{1}{I} \sum_{i=1}^{I} E_1 \{ r_k(t) + \boldsymbol{\omega}_k E_k [\varepsilon^i(t)] \} \tag{4.18}$$

式中，K 表示模态的总个数。

步骤五　当余量信号不能再分解，即余量信号的极值点个数不超过两个，算法终止。此时，余量信号可表示为

$$R(t) = x(t) - \sum_{k=1}^{K} c_k(t) \tag{4.19}$$

原始信号经 CEEMDAN 分解后可表示为

$$x(t) = \sum_{k=1}^{K} c_k(t) + R(t) \tag{4.20}$$

通过以上分析可以看出，CEEMDAN 作为 EEMD 的改进算法，主要有以下优势：

ⅰ.引入额外的噪声系数向量来控制每个分解阶段的噪声水平；

ⅱ.重建完整且无噪声；

ⅲ.相比于 EEMD，CEEMDAN 通过较少的试验就能得到较好的分解结果。

4.2　基于经验模态分解的组合预测模型

针对基于经验模态分解的组合预测模型普遍存在的模态混叠、预测网络规模大等问题，本节介绍一种改进的基于集成经验模态分解和回声状态网络的组合预测模型。该模型采用排序熵方法对原始信号经集成经验模态分解后得到的 IMF 子序列进行复杂度分析，合并复杂度相近的分量用于后续预测，以减少预测器的个数和复杂的参数调节过程，从而有效缩减预测网络的规模。

4.2.1　基本算法

基本算法包括排序熵和回声状态网络。

（1）排序熵

2002 年，Bandt 和 Pompe 提出了排序熵（permutation entropy，PE）算法[5]。它具有概念简单、计算速度快、鲁棒性强、抗噪能力强等特点，是时间序列复杂度的一种评价模式，其值随着时间序列不规则性增长而增加。它的主要原理是：采用排序模式来刻画时间序列，将其看作信号的特征，采用熵来描述这种特征的变化情况。下面介绍排序熵的具体算法流程：

步骤一　将给定的原始信号 $X = [x(1), x(2), \cdots, x(N)]$ 嵌入 m 维子空间，生成的子序列可以表示为

$$X_m(i) = [x(i), x(i+\tau), \cdots, x(i+(m-1)\tau)], 1 \leqslant i \leqslant N-m+1 \quad (4.21)$$

式中，m 表示嵌入维数；τ 表示延迟时间。

步骤二　对每一个子序列 $X_m(i)$ 进行元素升序排序。

步骤三　对任一嵌入维数 m，存在 $m!$ 种排序方式。如 $m=3$，则存在 $3!=6$ 种排序模式，分别为 $[0,1,2], [0,2,1], [1,0,2], [1,2,0], [2,0,1], [2,1,0]$。若 $X_1 = [12, 0, 3]$，则其属于第 5 种排序模式。依此，判定每一个子序列 $X_m(i)$ 中元素的排序模式属于 $m!$ 中的何种。

步骤四　计算每个模式对应的子序列的数目，将第 j 种模式对应的数目定义为 n_j，$j \leqslant m!$，并计算该种模式所占比例的大小 p_j

$$p_j = \frac{n_j}{N-m+1} \tag{4.22}$$

步骤五 根据香农熵的定义，排序熵可以表示为

$$H_P(m) = -\sum_{j=1}^{m!} p_j \ln(p_j) \tag{4.23}$$

步骤六 将熵值采用 0 到 1 之间的值进行表示，对排序熵进行归一化

$$0 \leqslant H_P = H_P(m)/\ln(m!) \leqslant 1 \tag{4.24}$$

熵值越小，表示时间序列越有规律，反之，时间序列越不规则。

（2）回声状态网络

回声状态网络（echo state network，ESN）[6] 是近年来提出的一种新型的递归神经网络，能够克服基于梯度学习的传统神经网络易陷入局部最优的缺陷，是高效的时间序列预测模型。ESN 主要由 3 个部分构成：输入层、储备池和输出层。储备池由大量随机稀疏连接的神经元构成，是 ESN 的核心，通常具有几十至几千个神经元。相比于传统神经网络具有的几个或者十几个神经元，这一特征使 ESN 能将输入数据更精确地映射到高维空间，从而使训练结果对期望输出信号的逼近程度更好。由于神经元间是稀疏连接模式，使得 ESN 复杂度相对较低，且运行过程耗时较少。ESN 状态方程为

$$x(t+1) = f(W_{in}u(t+1) + W_x x(t))$$
$$y(t+1) = W_{out}^T x(t+1) \tag{4.25}$$

式中，$x(t)$、$u(t)$、$y(t)$ 分别表示储备池在 t 时刻的状态变量、输入变量、输出变量；$f()$ 表示储备池激活函数，一般采用双曲正切函数；W_{in} 表示输入层与储备池的连接权矩阵，W_{out} 表示储备池与输出层的连接权矩阵，W_x 表示储备池内部连接权矩阵。ESN 具有简单的权值训练过程，其中 W_{in} 和 W_x 在训练过程中随机初始化，并保持不变，仅 W_{out} 需要由训练结果决定，这样的模型设置使得 ESN 具有较强的稳定性。

由于输入变量容易受初始状态影响，所提模型在训练阶段抛弃部分初始状态，此时剩余状态变量可以表示为

$$X = [x(T_0+1), x(T_0+2), \cdots, x(N)]^T \tag{4.26}$$

式中，T_0 表示被抛弃的初始状态点个数；N 表示训练样本点个数。相应的期望输出为

$$Y = [y(T_0+1), y(T_0+2), \cdots, y(N)]^T \tag{4.27}$$

采用伪逆法求解 ESN 的输出权值矩阵，表达式为

$$\hat{W}_{\text{out}} = X^{\dagger}Y = (X^{\mathrm{T}}X)^{-1}X^{\mathrm{T}}Y \tag{4.28}$$

式中，$\hat{W}_{\text{out}}$ 表示输出权值矩阵的估计；$X^{\dagger}$ 表示矩阵 X 的伪逆矩阵。

4.2.2 基于 EEMD 和 ESN 的组合预测模型

现实中许多时间序列都具有强烈非平稳性和高度复杂性，单个模型难以捕获信号的全面特征，难以建立精准的预测模型，从而影响预测精度。近年来，有学者提出"先分解后组合"的建模框架，即先运用分解技术对复杂度较高、直接建模难度较大的时间序列进行分解操作，将其转换为若干个易于分析和建模的子序列，然后运用神经网络等建模方法对这一系列子序列分别进行建模预测，最后将预测值综合叠加以获得整个模型的预测输出，从而完成对原始复杂信号进行预测的目标。

如图 4.3 所示为基于经验模态分解算法和神经网络的组合预测模型的结构图。采用此模型进行时间序列预测的过程为：首先采用经验模态分解算法对预测信号进行自适应分解，得到一系列频率由高到低的本征模态函数 IMF_1，IMF_2，$\cdots$，IMF_n 和一个残余序列 R_n；然后采用神经网络对这些子序列分别构建模型进行预测，得到预测值 F_1，F_2，$\cdots$，F_n、F_{n+1}；最后对子序列的预测值进行综合叠加，完成整个预测过程。

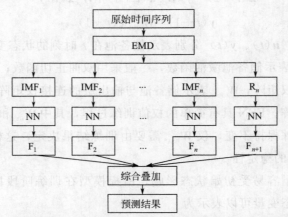

图 4.3 基于经验模态分解算法和神经网络的组合预测模型

4.2.3 基于 EEMD-PE 和 ESN 的组合预测模型

通常原始时间序列复杂度较高时，经 EMD 分解后得到的子序列众多，使得预测网络规模较大，使用的预测器数量较多，且 EMD 分解后得到的子序列易存在模态混叠问题。集成经验模态分解作为经验模态分解的改进算法，能有效地克服模态混叠问题。回声状态网络训练过程简单且具有良好的非线性处理能力，能够克服传统神经网络在训练过程中易陷入局部最优的缺陷。采用回声状态网络进行预测时，需要调节的参数包括储备池规模、稀疏度和谱半径，且参数设置对预测结果影响显著，因此在保证组合模型效率和优越性的前提下，采用有效方法缩减预测网络规模、减少复杂的参数调节过程是十分必要的。针对此问题，本节介绍一种改进的基于集成经验模态分解和回声状态网络的组合预测模型（EEMD-PE-ESN），在分解过程后加入排序熵算法，通过排序熵计算，合并复杂度相近的子序列，采用合并后的序列代替原始子序列进行后续预测，以减少预测器数量，缩减预测网络规模。模型结构如图 4.4 所示，包括分解、去噪、复杂度计算、预测和合并叠加。

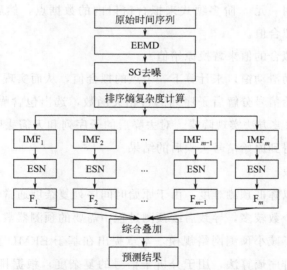

图 4.4　基于集成经验模态分解-排序熵和回声状态网络的组合预测模型

（1）第一阶段

采用集成经验模态分解将原始信号自适应地分解成一系列由高频到低频排列的子信号。对于采自真实世界的时间序列，需要对其进行去噪处理，通常高频子信号包含大量噪声。

（2）第二阶段

采用自相关函数判定包含噪声的 IMF 子序列，并采用 Savitzky-Golay（SG）滤波法对其进行去噪。

自相关函数可以用于揭示信号自身在不同时间点的相关性程度。由于随机噪声在不同时间点具有弱相关性，这一特性使得随机噪声的自相关函数在零点处拥有最大值，而在其他点处会迅速衰减到很小。对于一般信号，它们的自相关函数在零点处也拥有最大值，但由于信号在不同时刻存在相关性，使得其自相关函数随时间的变化而变化，明显有别于噪声信号。因此，所提模型采用自相关函数对包含噪声的 IMF 子序列进行辨别。

对于混合了噪声的 IMF 子序列，它们也包含原始信号的一些有用高频分量。为了减弱噪声同时保留这部分有用信息，所提模型采用 SG 滤波法对包含噪声的高频 IMF 子信号进行去噪，而非直接舍弃。SG 滤波[7] 的算法步骤如下：

步骤一　设置滑动窗口的长度 n。

步骤二　采用一元 p 阶多项式来拟合窗口内的数据点，然后在中心点得到滑动窗口的最佳拟合值。

步骤三　用拟合的值来替换原始值。

步骤四　移动滑动窗口来计算下一个点的拟合值，从而实现平滑去噪。

通过计算原始信号分解后子序列的自相关函数，选出包含噪声的 IMF 子序列，并应用 SG 滤波方法实现降噪。对去噪后的子序列和无需去噪处理的子序列进行信号重构，得到原始信号去噪后的结果。

（3）第三阶段

加入排序熵以降低预测难度。由于原始时间序列复杂度通常较高，使得分解后产生的子信号个数较多，导致后续预测过程中需要的预测器数量多，整体预测网络规模大。为了减小预测网络规模，本章提出在基于 EEMD 算法的时间序列预测框架中加入排序熵算法，用于分析子信号的复杂度，根据排序熵计算结果，合并复杂度相近的子信号，代替原子信号进行后续预测，从而有效减小预测网络的规模，节省计算时间。

采用排序熵衡量时间序列的复杂度，进而合并复杂度相近的 IMF 分量，其具体过程为：首先判断 IMF_i 的排序熵值，若大于原始信号，或其与原始信号排序熵值的差小于阈值，则不合并，即直接采用 ESN 进行预测，这是因为此时该 IMF 分量复杂度较高，对其进行单独预测效果较好。再判断剩余 IMF 是否能够继续合并，即 IMF 个数是否大于等于 2，若满足，则合并与 IMF_i 复杂度之差小于阈值的相邻的 a 个 IMF 分量，完成本次合并过程。重复该过程直至剩余 IMF

数量小于 2，结束合并过程。加入排序熵后 IMF 函数的自动合并流程如图 4.5 所示。

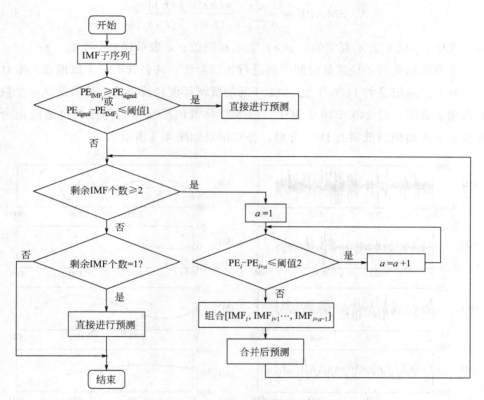

图 4.5　IMF 分量合并规则流程图

（4）第四阶段

采用回声状态网络实现子序列预测。将每一个 IMF 分量分别输入到储备池网络，得到各自的预测结果。最后将所有子序列的预测结果合并叠加，即为模型的预测输出。

4.2.4　仿真实例

为了验证所提改进预测模型 EEMD-PE-ESN 的有效性，本节采用黄河径流量时间序列进行仿真实验，并与 ESN 和 EEMD-ESN 进行对比。评价标准采用均方根误差 RMSE 和对称平均绝对百分比误差 SMAPE，本节所呈现的结果均为 30 次实验的均值

$$\mathrm{RMSE} = \sqrt{\frac{1}{n-1}\sum_{k=1}^{n}\left[\hat{y}(k) - y(k)\right]^2} \tag{4.29}$$

$$\mathrm{SMAPE} = \frac{1}{n}\sum_{k=1}^{n}\frac{\left|y(k) - \hat{y}(k)\right|}{(y(k) + \hat{y}(k))} \tag{4.30}$$

式中，$y(k)$ 表示真实值；$\hat{y}(k)$ 表示预测值；n 表示样本点个数。

本节选用黄河年径流量时间序列进行仿真验证，共包含 540 个数据点，来自三门峡采样站记录的 1470 年至 2011 年间的黄河年度径流量值。选取前 300 个数据点用于训练，后 240 个用于测试。EEMD 将黄河径流量时间序列自适应地分解为 9 个由高频到低频的 IMF 分量，分解结果如图 4.6 所示。

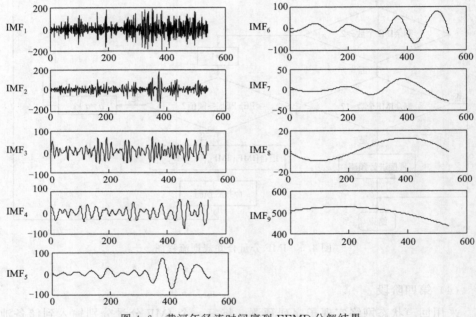

图 4.6　黄河年径流时间序列 EEMD 分解结果

由于现实世界的时间序列包含噪声，为了减弱噪声干扰，所提模型采用自相关函数来识别被噪声重叠的 IMF 子信号，并采用 SG 滤波方法对其进行去噪。对黄河径流数据经 EEMD 分解得到的 9 个子序列进行自相关函数求取，得到的自相关函数曲线图如图 4.7 所示，从中可以发现第一个 IMF 分量的自相关函数在零点处取得最大值，并迅速减小，与其他子信号的自相关函数曲线有明显区别，因此判定 IMF_1 包含噪声，对其进行 SG 滤波。滑动窗口长度设置为 9，采用一元四阶多项式进行逐点拟合，实现平滑去噪，将去噪后的 IMF_1 子信号用于后续实验。

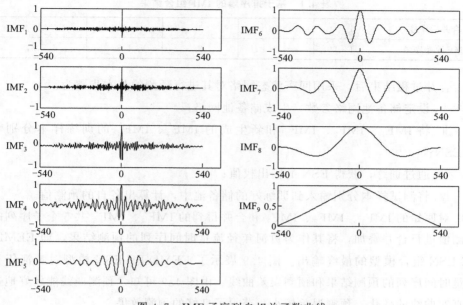

图 4.7　IMF 子序列自相关函数曲线

　　若采用常规的 EEMD-ESN 模型进行预测，则共需要 9 个回声状态网络分别

对分解出的 9 个子信号进行预测。为了缩减预测模型规模，减少预测器使用数量，在预测步骤前引入排序熵算法对所有子信号进行复杂度计算。实验中将嵌入维数设为 3，延迟时间设为 1，以上 9 个子序列的排序熵计算结果如图 4.8 所示。由图 4.8 可知，IMF 子信号的排序熵值随频率的降低而逐渐减小，表明随频率的降低信号的复杂度也是递减的。

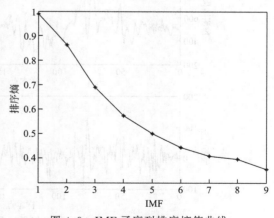

图 4.8　IMF 子序列排序熵值曲线

　　为缩减预测网络规模，所提算法对复杂度相近的 IMF 子信号进行合并叠加。根据合并规则，对前 3 个 IMF 分量单独直接预测，对第 4、5 个分量进行合并，对第 6～第 9 个分量进行合并，合并结果如表 4.1 所示。加入排序熵后，预测所需要的 ESN 数量由 9 个减少为 5 个，有效地减少了预测器使用个数，节省计算时间。

表 4.1　基于排序熵的 IMF 组合结果

合并后序号	1	2	3	4	5
IMF 原始序号	1	2	3	4,5	6,7,8,9

合并过程结束后，采用回声状态网络对其进行预测的基本步骤为：

ⅰ.设定储备池网络参数，生成储备池网络；

ⅱ.将 IMF_1、IMF_2、IMF_3 和新生成的 IMF_4'、IMF_5' 的训练样本分别输入 ESN；

ⅲ.通过训练，获得 ESN 的输出权值；

ⅳ.将测试样本分别输入到训练好的储备池中，计算出各自的预测值。

对原始的 IMF_1、IMF_2、IMF_3 和合并得到的 IMF_4'、IMF_5' 共 5 个子序列的预测值进行合并叠加，将其作为黄河年径流量时间序列的预测结果，即 EEMD-PE-ESN 组合模型的最终输出。图 4.9 展示了 EEMD-PE-ESN 模型对黄河年径流量时间序列的预测结果和预测误差曲线。由图 4.9 可知，预测曲线能较好地追踪真实曲线的变化，预测误差较小，获得了良好的预测效果。

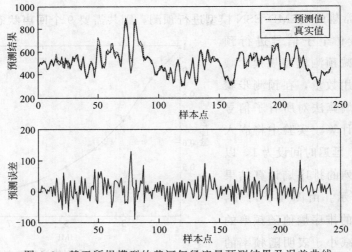

图 4.9　基于所提模型的黄河年径流量预测结果及误差曲线

最后，根据具有精确数值的评价指标对改进模型 EEMD-PE-ESN 及对比模型 ESN、EEMD-ESN 进行预测性能比较，表 4.2 给出了这三种模型对黄河年径流量时间序列的预测误差。从表 4.2 中可以看出，相比于 ESN，EEMD-ESN 和 EEMD-PE-ESN 的 RMSE 指标均降低了 68.8%，表明加入 EEMD 分解能有效减小预测误差，显著提高预测精度，原因在于分解算法能将复杂的原始信号分解为一系列易于分析的子信号，有效地降低了建模难度，从而提升了预测精度；相比于常规的 EEMD-ESN 组合模型，改进的 EEMD-PE-ESN 方法在保证预测精度的前提下，有效地减少了预测器的使用数量，缩减了预测网络规模，减少了计算用时。

表 4.2　基于不同预测模型的黄河年径流量预测结果对比

预测模型	RMSE	SMAPE	预测器个数	运行时间(30 次)
ESN	98.1182	0.1770	1	8.03s
EEMD-ESN	30.5793	0.0231	9	74.82s
EEMD-PE-ESN	30.5653	0.0227	5	44.82s

4.3　基于两层分解技术的组合预测模型

针对基于单一分解技术的组合模型无法全面追踪原始信号的非平稳性这一问题，本节介绍一种基于两层分解技术和优化的 BP 神经网络组合模型。两层分解技术由具有自适应噪声的完整集成经验模态分解和变分模态分解算法组成。其中，具有自适应噪声的完整集成经验模态分解用于对原始信号进行第一层分解。由于分解生成的高频子序列具有高度复杂特性，难以对其实现充分预测，因此所提模型采用变分模态分解算法对其进行二次分解，用以掌握其更全面的特征，建立更精确的预测模型，有利于提升整体预测精度。此外，组合模型采用萤火虫优化算法对神经网络进行参数优化，降低参数选择的随机性。本节首先介绍构成所提模型的几种基本算法，然后对所提模型进行说明，最后通过仿真实验证明所提算法的有效性。

4.3.1　基本算法

本小节对组合预测模型所采用的基本算法进行介绍，包括变分模态分解、样本熵和萤火虫优化算法，分别介绍基本概念、原理和实现过程。

（1）变分模态分解

变分模态分解（variational mode decomposition，VMD）是 2014 年提出的一种非递归式信号处理方法[8]，能够将输入信号分解为一系列子信号。非递归性体现在 VMD 分解过程中，子信号是同时生成的，不同于 EMD 及其改进算法的分解过程，子信号逐个生成。在整个 VMD 分解过程中，生成的每一个模态都集中在某个特定的中心脉动频率附近。为了评估每个模态的带宽，文献［8］给出如下步骤：

ⅰ.将 Hilbert 变换分别应用到每个模态，计算相应的解析信号，得到一系列单边频谱；

ⅱ. 通过加入指数项将模态调整到其估计的中心频率，以便将这些模态的频谱转换到各自的基带上；

ⅲ. 根据解调信号的高斯平滑度估计每个模态的带宽，如梯度的 L2 范数。由此，实现 VMD 分解即要解决如下约束问题

$$\min_{\{u_k\}, \{\omega_k\}} \left\{ \sum_k \left\| \partial_t \left[\left(\delta(t) + \frac{j}{\pi t} \right) * u_k(t) \right] e^{-j\omega_k t} \right\|_2^2 \right\} \tag{4.31}$$

$$\text{s. t.} \sum_{k=1}^K u_k = f$$

式中，$u_k(t)$ 表示分解得到的第 k 个模态；ω_k 表示第 k 个模态对应的中心脉动频率；$\partial_t()$ 表示计算偏导数；K 表示分解得到的模态总个数；$*$ 表示卷积；f 表示输入信号。

为了解决式（4.31）中的约束优化问题，引入二次惩罚项 α 和拉格朗日乘子 λ，从而使其转换为无约束优化问题。二次惩罚项的作用是强制约束，拉格朗日乘子有助于提高收敛性。因此，得到的无约束形式为

$$L(\{u_k\}, \{\omega_k\}, \lambda) = \alpha \sum_k \left\| \partial_t \left[\left(\delta(t) + \frac{j}{\pi t} \right) * u_k(t) \right] e^{-j\omega_k t} \right\|_2^2 + \left\| f - \sum_k u_k(t) \right\|_2^2$$
$$+ \left\langle \lambda(t), f(t) - \sum_k u_k(t) \right\rangle \tag{4.32}$$

利用交替向量乘子法（alternate direction method of multipliers，ADMM）求解式（4.32），在子序列的迭代优化过程中获得增广拉格朗日函数的鞍点。u_k 和 ω_k 的等价最小优化问题可以表示为

$$u_k^{n+1} = \arg\min \left\{ \alpha \left\| \partial_t \left[\left(\delta(t) + \frac{j}{\pi t} \right) * u_k(t) \right] e^{-j\omega_k t} \right\|_2^2 + \left\| f - \sum_i u_i(t) + \frac{\lambda(t)}{2} \right\|_2^2 \right\}$$
$$\tag{4.33}$$

$$\omega_k^{n+1} = \arg\min \left\{ \left\| \partial_t \left[\left(\delta(t) + \frac{j}{\pi t} \right) * u_k(t) \right] e^{-j\omega_k t} \right\|_2^2 \right\} \tag{4.34}$$

将式（4.33）和式（4.34）转换到频域中，等价为

$$\hat{u}_k^{n+1}(\omega) = \frac{\hat{f}(\omega) - \sum_{i \neq k} \hat{u}_i(\omega) + \frac{\hat{\lambda}(\omega)}{2}}{1 + 2\alpha(\omega - \omega_k)^2} \tag{4.35}$$

$$\omega_k^{n+1} = \frac{\int_0^\infty \omega |\hat{u}_k(\omega)|^2 d\omega}{\int_0^\infty |\hat{u}_k(\omega)|^2 d\omega} \tag{4.36}$$

式中，$\hat{f}(\omega)$、$\hat{u}_k(\omega)$、$\hat{\lambda}(\omega)$ 分别表示 $f(t)$、$u_k(t)$、$\lambda(t)$ 的傅里叶变换；n 表示第 n 次迭代。

将频域的优化解析式代入 ADMM 算法进行迭代计算，算法 1 为变分模态分解的完整计算过程。

算法 1　基于 ADMM 算法的 VMD 分解过程

1　初始化 $\{\hat{u}_k^1\}$、$\{\omega_k^1\}$、$\hat{\lambda}^1$、$n=0$

2　循环

3　　$n=n+1$

4　　$k=0$

5　　循环

6　　　$k=k+1$

7　　　依据式(4.35) 更新 $\hat{u}_k$

8　　　依据式(4.36) 更新 ω_k

9　　直至 $k=K$

10　依据如下公式：

11　　$\hat{\lambda}^{n+1}(\omega)=\hat{\lambda}^n(\omega)+\tau\left[\hat{f}(\omega)-\sum_k \hat{u}_k^{n+1}(\omega)\right]$

12　更新 $\hat{\lambda}$

13　直至满足收敛条件 $\sum_k \|\hat{u}_k^{n+1}-\hat{u}_k^n\|_2^2/\|\hat{u}_k^n\|_2^2 < \varepsilon$

（2）样本熵

样本熵（sample entropy）[9] 是常用的熵方法之一，自提出以来已广泛应用于信号分析领域，它能够刻画时间序列的复杂程度，时间序列越复杂，其样本熵值越大。样本熵具有较强的抗干扰能力和抗噪性能，适用于短数据且具有良好的一致性。样本熵算法的计算过程介绍如下：

步骤一　将原始信号 $X=[x(1),x(2),\cdots,x(N)]$ 嵌入 m 维子空间，得到的子序列为

$$X(i)=[x(i),x(i+1),\cdots,x(i+m-1)],1\leqslant i\leqslant N-m+1 \qquad (4.37)$$

步骤二　将 $d[X(i),X(j)]$ 定义为向量 $X(i)$ 和向量 $X(j)$ 对应元素的最大差值，具有如下表达式

$$d[X(i),X(j)]=\max_{k=0\sim m-1}[|x(i+k)-x(j+k)|] \qquad (4.38)$$

步骤三　定义相似容限 $r(r=K\cdot SD$，K 为常数，一般设置在 $0.1\sim 0.25$ 之间，SD 为信号标准差），计算 $d[X(i),X(j)]<r$ 的个数，记为 B_i，B_i 所占比

例为

$$B_i^m(r) = \frac{1}{N-m} B_i \tag{4.39}$$

步骤四 对每一个 i 求平均值

$$B^m(r) = \frac{1}{N-m+1} \sum_{i=1}^{N-m+1} B_i^m(r) \tag{4.40}$$

步骤五 嵌入维数加 1，重复步骤一至四，计算 $B^{m+1}(r)$。

步骤六 根据下式计算信号样本熵

$$\mathrm{SampEn}(m,r,N) = \lim_{N \to \infty} \left\{ -\ln\left[\frac{B^{m+1}(r)}{B^m(r)} \right] \right\} \tag{4.41}$$

（3）萤火虫优化算法

萤火虫优化（firefly algorithm，FA）[10] 是一种基于萤火虫行为的启发式算法，利用闪光信号吸引其他潜在配偶，实现位置移动。FA 是一种基于群体智能的优化算法，它不仅具有其他群体智能算法的优点，而且与其他同类算法相比具有以下两大优势：

ⅰ. 能够实现自动分割，适用于高度非线性优化问题；

ⅱ. 具有多模态特性，能够快速有效地处理多模态问题。

近年来，FA 被广泛用于解决各种实际问题。萤火虫优化算法的原理为：把空间的每一点都视作一只萤火虫，它会被更明亮的萤火虫吸引，向其方向移动，在弱发光萤火虫的移动过程中完成其位置的更新，不断移动直到找到其最优位置。

萤火虫算法实现的前提是满足如下三个假设：

ⅰ. 假设所有的萤火虫都是同性；

ⅱ. 相互的吸引力仅与发光强度及距离有关，发光强度越强，对周围萤火虫的吸引力越大，强发光萤火虫自身进行随机运动，相对距离越大，吸引力越弱；

ⅲ. 萤火虫发光强度与目标函数值相关。

搜索过程与萤火虫的两个重要参数有关：萤火虫发光强度和相互吸引度。萤火虫自身发光强度越强，表示其位置越优，因此，迭代完成后最亮的萤火虫即为优化方案的结果。在对萤火虫位置更新建模前，先对发光强度和相互吸引度进行描述。考虑到光强会被传播介质吸收，且与相对距离成反比关系，萤火虫 i 对萤火虫 j 的相对亮度定义为

$$I_{ij}(r_{ij}) = I_i \mathrm{e}^{-\gamma r_{ij}^2} \tag{4.42}$$

式中，I_i 表示萤火虫 i 自身发光强度，即 $r=0$ 处的初始光强度，I_i 的值与目标函数值存在正相关关系，目标函数越优，萤火虫越亮；γ 表示光吸收系数，用于体现传播介质对光强的减弱作用，通常设置为常数；r_{ij} 表示萤火虫 i 与萤火虫 j 之间的笛卡尔距离为

$$r_{ij} = \sqrt{\sum_{k=1}^{n}(s_{ik}-s_{jk})^2} \tag{4.43}$$

式中，$s_i=(s_{i1}, s_{i2}, \cdots, s_{in})$ 表示萤火虫 i 所处的位置；n 表示待求解优化问题的维度。

若 $I_j > I_i$，则萤火虫 j 会吸引萤火虫 i 向其移动，两者间的相互吸引度与相对亮度有关，相对亮度越大，相互吸引度越强。其定义式为

$$\beta(r_{ij}) = \beta_0 \mathrm{e}^{-\gamma r_{ij}^2} \tag{4.44}$$

式中，β_0 表示在光源处（$r=0$）的吸引度。式(4.44)可以使所有萤火虫个体自动划分为不同的种群，同时进行位置更新，从而使得萤火虫优化算法具有高效的多模态问题处理能力。

萤火虫 i 受到强光吸引产生位置移动，其位置更新公式为

$$s_i(t+1) = s_i(t) + \beta_0 \mathrm{e}^{-\gamma r_{ij}^2}[s_j(t)-s_i(t)] + \alpha\varepsilon \tag{4.45}$$

式中，t 表示第 t 次迭代；α 表示步长因子；ε 表示随机数，可由高斯分布、均匀分布等产生。式(4.45)所示的最优目标迭代表达式中，第一项为该萤火虫的当前位置；第二项为相互吸引力引发的位置更新；第三项为随机项，设置此项的意义在于，加大搜索范围，避免陷入局部最优。

算法2中呈现了萤火虫优化算法的寻优过程。

算法2 萤火虫算法寻优过程

1 初始化参数 n，β_0，γ，α，ε，$t=0$
2 设置最大迭代次数 MaxGeneration 和搜索精度
3 while $t <$ MaxGeneration 或不满足搜索精度
4    $t=t+1$
5   for $i=1$：n
6   for $j=1$：i
7   根据式(4.42)计算两者的相对亮度
8   if $I_j > I_i$
9   根据式(4.44)更新相互吸引度
10   根据式(4.45)完成萤火虫 i 位置移动

11   end if
12   根据萤火虫更新后的位置计算萤火虫的自身亮度
13   end for
14   end for
15 对萤火虫进行排序，输出全局最优解
16 end while

4.3.2 基于两层分解技术和 BP 神经网络的组合预测模型

通过有效分解技术获得的子信号比原始时间序列更易于分析和建模，因此基于分解算法的组合模型被广泛应用于时间序列预测。现有的组合模型通常采用单层分解模式，即采用某一种特定分解方法对原始数据进行分解。但预测阶段的诸多实验结果表明，高频子信号的预测效果较差，预测精度较低，这是由其自身的高频特性和高度复杂性所致。因此，基于单层分解技术的方法能够在一定程度上提高时间序列的预测质量，但仍存在更全面地分析信号、提升预测精度的可能性。基于以上分析，本节介绍一种基于 CEEMDAN 和 VMD 的时间序列两层分解技术，模型结构如图 4.10 所示，首先将原始时间序列自适应地分解为一系列

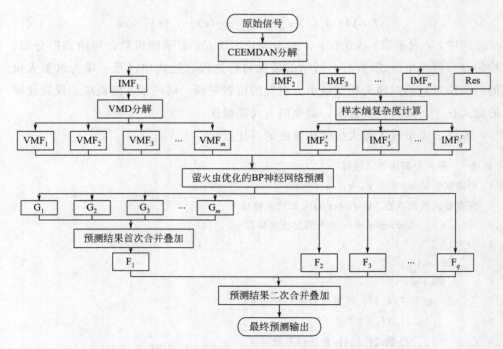

图 4.10 基于两层分解技术和优化 BP 神经网络的组合预测模型

子信号，再对其高频子信号进行二次分解，更全面地掌握信号特征，有助于建立更精确的预测模型，实现对原始信号的更精准预测。此外，本章采用经萤火虫算法优化的 BP 神经网络来预测生成的子序列，实现对 BP 神经网络权值和阈值自动寻优，降低参数选择的随机性，提高神经网络的函数逼近能力。本小节将对提出的基于两层分解技术和优化的 BP 神经网络组合模型的实现过程进行详细介绍。

第一阶段，采用 CEEMDAN 算法将原始信号自适应地分解成一系列由高频到低频排列的子信号，IMF_1，IMF_2，$\cdots$，IMF_n，将复杂的原始时间序列分解为若干个易于分析和建模的子序列。CEEMDAN 算法在分解过程中的每个阶段都添加自适应白噪声，通过计算唯一的余量信号最终获得一系列 IMF 子序列，既能够克服 EMD 分解存在的模态混叠问题，又能够通过较少的集成次数实现精确分解，解决 EEMD 通过增加集成次数来减弱白噪声影响而导致的计算效率低的问题。

第二阶段，采用样本熵对分解得到的所有子信号进行复杂度计算。由于采自实际的时间序列通常具有较高的复杂性，致使自适应分解得到的子信号个数众多，在预测过程中需要的预测器数量多，导致整体预测网络规模大。针对此问题，本章提出利用样本熵对分解后的子信号进行复杂度计算，对复杂度相近的低频信号进行合并，用叠加后的信号代替原始一系列 IMF 子信号进行预测，能够有效减少用于预测的神经网络数量，从而达到缩减预测网络规模、降低计算用时的目的。

第三阶段，采用 VMD 算法对 IMF_1 高频子序列进行分解。在生成的一系列子序列中，由于 IMF_1 子信号频率变化最快且复杂度较高，对其进行追踪和预测最为困难，预测误差通常较大，严重影响整体预测精度。因此，本章提出对高频子序列再次进行分解，将其转化为易于分析的子信号，更全面地刻画原始信号特征，以降低后续预测的难度。本章采用 VMD 方法将 IMF_1 序列分解为若干个集中在各自特定中心脉动频率的子信号，记为 VMF_1，VMF_2，$\cdots$，VMF_m。

第四阶段，采用基于萤火虫优化算法的 BP 神经网络实现子序列预测。根据萤火虫优化算法对 BP 神经网络的输入层与隐藏层的连接权值、隐藏层与输出层的连接权值，以及隐藏层和输出层各个神经元节点的阈值实现自动寻优，完成网络训练。利用训练好的模型对 IMF_1 子序列经 VMD 分解后生成的一系列子信号

VMF_1，VMF_2，$\cdots$，VMF_m 分别进行预测，得到预测结果 G_1，G_2，$\cdots$，G_m；利用训练好的模型对样本熵复杂度计算后新生成的子序列 IMF_2'，IMF_3'，$\cdots$，IMF_q' 分别进行预测，得到预测结果 F_2，F_3，$\cdots$，F_q。

第五阶段，完成两次合并叠加过程，获得模型的实际输出结果。首先将 VMD 分解生成的子序列对应的预测结果 G_1，G_2，$\cdots$，G_m 相叠加，生成 IMF_1 序列的预测值 F_1，完成首次合并叠加过程；然后将其与样本熵复杂度计算后新生成的子序列对应的预测结果 F_2，F_3，$\cdots$，F_q 相叠加，完成二次合并叠加过程，即为模型的最终预测结果。

4.3.3 仿真实例

为了验证改进模型 CEEMDAN-VMD-FABPNN 的有效性，本节采用墨尔本日最高气温数据进行仿真实验。预测性能由式（4.29）和式（4.30）所示的均方根误差和对称平均绝对百分比误差，以及式（4.46）所示的归一化均方根误差（normalized root-mean-square error，NRMSE）和式（4.47）所示的平均绝对百分比误差（mean absolute percentage error，MAPE）来评价。本节所呈现的结果均为 30 次实验的均值

$$NRMSE = \frac{\sqrt{\dfrac{1}{n-1}\sum_{k=1}^{n}\left[\hat{y}(k)-y(k)\right]^2}}{y_{\max}-y_{\min}} \tag{4.46}$$

$$MAPE = \frac{100}{n}\sum_{k=1}^{n}\left|\frac{y(k)-\hat{y}(k)}{y(k)}\right| \tag{4.47}$$

式中，$y(k)$ 表示真实值；$\hat{y}(k)$ 表示预测值；n 表示样本点个数；$y_{\max}$ 和 $y_{\min}$ 分别表示真实值的最大值和最小值。

实验采用墨尔本每日最高气温时间序列。该数据集包含 1981 年 1 月 3 日至 1990 年 12 月 31 日的日最高气温，共 3650 个样本。训练集由前 3000 个样本组成，测试集由剩余 650 个样本组成。为了比较模型的有效性，对比实验中使用了其他六种方法：RBF 神经网络[11]、ANFIS[12]、原始 BP 模型、FABP、基于 CEEMDAN 分解的 FABP（CEEMDAN-FABP）和基于 VMD 分解的 FABP（VMD-FABP）。实验环境为 Windows 7 操作系统、Intel（R）Core i3-4150M CPU 和 6GB RAM，所有实验均在 MATLAB R2016a 上进行。

基于 4.3.2 小节所描述的模型，首先对时间序列进行 CEEMDAN 分解，分解结果如图 4.11 所示。从图中可以看出，原始序列分解后共获得 13 个子信号，

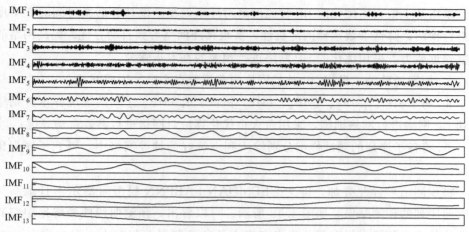

图 4.11　基于 CEEMDAN 算法的墨尔本日最高气温分解结果

由高频到低频排列。

对图 4.11 所示的 13 个 IMF 子序列进行样本熵计算，相似容限设为 0.2 倍的信号标准差，嵌入维数设为 2。计算结果如图 4.12 所示，虚线表示原始气温序列的排序熵值。为了缩减预测网络的规模，对复杂度相近的低频信号进行合并，用叠加后的信号代替原始一系列 IMF 子信号进行预测。从图 4.12 中可以看出 $IMF_1 \sim IMF_4$ 四个子信号的样本熵值大于原始信号，即复杂度高于原始信号，为了保证其预测精度，对这四个序列分别进行单支预测；对 $IMF_5 \sim IMF_{13}$ 进行合并叠加，新生成的信号表示为 IMF_5'，用于后续预测。由以上分析，在分解框架中加入样本熵能够简化模型结构，减少用于预测的神经网络数量，节省计算时间。

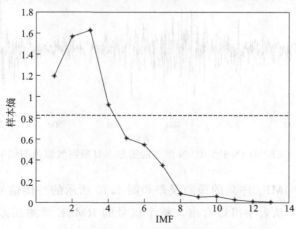

图 4.12　IMF 子序列样本熵值曲线

采用基于萤火虫优化的 BP 神经网络对样本熵复杂度计算后新得到的 5 个序列进行预测，降低参数选择的随机性，实现神经网络参数自动寻优，提高网络的函数逼近能力。采用优化的 BP 网络进行预测的基本步骤为：

ⅰ.根据经验公式设定 BP 神经网络隐藏层节点个数，生成网络；

ⅱ.将 IMF_1、IMF_2、IMF_3、IMF_4 和新生成 IMF_5' 序列的训练样本分别输入到 BP 网络进行网络训练，采用萤火虫优化算法对网络进行参数自动寻优；

ⅲ.将各子序列的测试样本分别输入到训练好的神经网络中，得到子序列预测值。

将预测结果合并叠加，即为 CEEMDAN-FABPNN 模型对墨尔本日最高气温时间序列的预测结果，如图 4.13 所示。可以看出，预测曲线能较好地跟踪真实曲线的变化趋势，但在部分拐点和尖点处的预测误差仍较大，误差值大于 3，对气温预测而言是不够准确的。

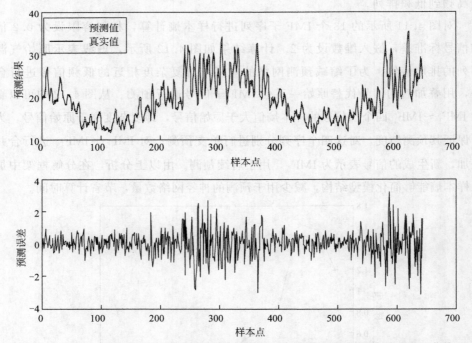

图 4.13　基于 CEEMDAN-FABPNN 模型的墨尔本日最高气温预测结果及误差曲线

将图 4.11 中 IMF_1 序列的预测误差和图 4.13 所示的整体信号的预测误差整理如表 4.3 所示。从表中可以看出，整个信号的 RMSE 预测误差为 0.7763，而 IMF_1 子信号的 RMSE 预测误差为 0.6361，基于单一分解技术的组合模型对高频子序列的预测误差较大，若能提高 IMF_1 高频子序列的预测精度会对整个信号的预测准确性有很大的影响。

表 4.3　整体信号预测误差和 IMF_1 子信号预测误差对比

预测误差	RMSE	NRMSE	MAPE	SMAPE
整体信号	0.7763	0.0325	0.0277	0.0138
IMF_1	0.6361	0.0808	1.8515	0.5829

基于以上实验结果，本节继承基于分解算法的组合模型的优点，提出一种基于两层分解技术的预测模型，采用 VMD 算法对 CEEMDAN 分解后的 IMF_1 高频子序列进行二次分解，将其转化为易于分析的子信号，以降低后续预测的难度。分解结果如图 4.14 所示。

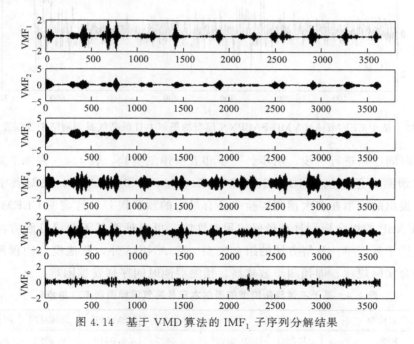

图 4.14　基于 VMD 算法的 IMF_1 子序列分解结果

将以上 6 个子信号的预测结果进行合并叠加，即得到 IMF_1 序列的预测结果，再将其与 $IMF_2 \sim IMF_5'$ 序列的预测结果进行二次合并叠加，即得到基于 CEEMDAN-VMD-FABPNN 模型的墨尔本日最高气温时间序列预测结果，如图 4.15 所示。可以看出，预测曲线与真实曲线吻合效果较好，预测误差较小。相比于图 4.13 呈现的基于 CEEMDAN-FABPNN 模型的预测结果，预测曲线在拐点处和尖点处的预测效果有显著提高。从误差曲线能够得知，仅有一个样本点处的预测值与真实值相差大于 2℃，其余 649 个样本点的预测误差大多小于 1℃，对于气温预测而言，本节所提改进模型具有可靠性和较高的预测准确度。

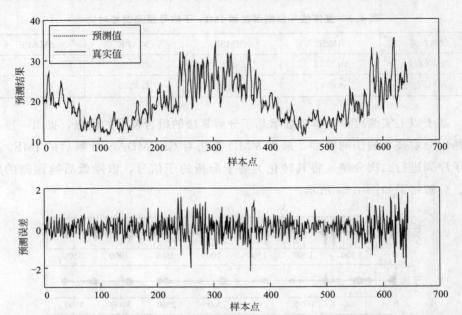

图 4.15　基于 CEEMDAN-VMD-FABPNN 模型的墨尔本日最高气温预测结果及误差曲线

对时间序列进行一步、两步、三步和五步预测实验，表 4.4～表 4.7 显示了相应的预测误差，包括 RMSE、NRMSE、MAPE 和 SMAPE。根据表中的结果，所提出的模型在多次预测实验中具有最小的预测误差，这表明 CEEMDAN-VMD-FABP 的组合模型具有最好的预测性能。可以证明基于两层分解方法的组合模型优于基于单一分解方法的组合模型。除 ANFIS 外，其他模型的预测结果基本符合实际规律，即预测步数越高，预测混沌时间序列就越困难。

表 4.4　基于不同预测模型的墨尔本日最高气温预测误差（单步）

预测模型	RMSE	NRMSE	MAPE	SMAPE	训练时间	测试时间
RBF	1.7241	0.0721	0.0695	0.0345	0.9984	0.1092
ANFIS	3.2410	0.1356	0.1224	0.0598	22.3393	0.0936
BP	1.3818	0.0578	0.0511	0.0255	0.4368	0.0468
FABP	1.3618	0.0570	0.0505	0.0251	34.4294	0.0780
CEEMDAN-FABP	0.7763	0.0325	0.0277	0.0138	151.3834	0.1404
VMD-FABP	0.7026	0.0294	0.0266	0.0132	197.1852	0.2340
CEEMDAN-VMD-FABP	0.5131	0.0215	0.0198	0.0099	307.5092	0.2964

表 4.5　基于不同预测模型的墨尔本日最高气温预测误差（两步）

预测模型	RMSE	NRMSE	MAPE	SMAPE
RBF	2.6741	0.1119	0.1051	0.0517
ANFIS	3.4725	0.1453	0.1317	0.0644
BP	2.4105	0.1009	0.0912	0.0454
FABP	2.4032	0.1006	0.0924	0.0456
CEEMDAN-FABP	0.9292	0.0389	0.0346	0.0172
VMD-FABP	0.7240	0.0303	0.0276	0.0138
CEEMDAN-VMD-FABP	0.6910	0.0289	0.0262	0.0130

表 4.6　基于不同预测模型的墨尔本日最高气温预测误差（三步）

预测模型	RMSE	NRMSE	MAPE	SMAPE
RBF	3.3242	0.1391	0.1286	0.0628
ANFIS	3.4715	0.1453	0.1330	0.0651
BP	3.1497	0.1318	0.1211	0.0589
FABP	3.1435	0.1315	0.1194	0.0587
CEEMDAN-FABP	1.1266	0.0471	0.0420	0.0209
VMD-FABP	0.9105	0.0381	0.0345	0.0172
CEEMDAN-VMD-FABP	0.8692	0.0364	0.0333	0.0166

表 4.7　基于不同预测模型的墨尔本日最高气温预测误差（五步）

预测模型	RMSE	NRMSE	MAPE	SMAPE
RBF	3.4960	0.1463	0.1353	0.0662
ANFIS	3.4408	0.1440	0.1333	0.0654
BP	3.3497	0.1402	0.1295	0.0633
FABP	3.3595	0.1406	0.1285	0.0632
CEEMDAN-FABP	1.5822	0.0662	0.0598	0.0297
VMD-FABP	1.2500	0.0523	0.0487	0.0242
CEEMDAN-VMD-FABP	0.9864	0.0413	0.0370	0.0183

此外，比较一步预测中的训练时间和测试时间，在不同的预测步骤下，运行时间差别不大。表 4.4 中列出了一步预测的运行时间，从表中可以看出，每种方法的测试时间差别不大。虽然提出的方法训练时间最长，但实验结果证明所提出的两层分解模型能够获得最佳的预测精度，显示了所提出方法的有效性。而

且，即使训练时间很长，整体运行时间也只有几分钟，完全在可以接受的范围内。

参考文献

[1] Huang N E, Shen Z, Long S R, et al. The empirical mode decomposition and the Hilbert spectrum for nonlinear and non-stationary time series analysis [J]. Proceedings of the Royal Society A: Mathematical, Physical and Engineering Sciences, 1998, 454 (1971): 903-995.

[2] Wu Z, Huang N E. Ensemble empirical mode decomposition: a noise-assisted data analysis method [J]. Advances in Adaptive Data Analysis, 2009, 1 (1): 1-41.

[3] Yeh J R, Shieh J S, Huang N E. Complementary ensemble empirical mode decomposition: a novel noise enhanced data analysis method [J]. Advances in Adaptive Data Analysis, 2010, 2 (2): 135-156.

[4] Torres M E, Colominas M A, Schlotthauer G, Flandrin P. A complete ensemble empirical mode decomposition with adaptive noise [C]. IEEE International Conference on Acoustics, Speech and Signal Processing (ICASSP), 2011: 4144-4147.

[5] Bandt C, Pompe B. Permutation entropy: a natural complexity measure for time series [J]. Physical Review Letters, 2002, 88 (17): 174102.

[6] Jaeger H, Haas H. Harnessing nonlinearity: predicting chaotic systems and saving energy in wireless communication [J]. Science, 2004, 304 (5667): 78-80.

[7] Schafer R W. What Is a Savitzky-Golay Filter? [Lecture Notes] [J]. IEEE Signal Processing Magazine, 2011, 28 (4): 111-117.

[8] Dragomiretskiy K, Zosso D. Variational mode decomposition [J]. IEEE Transactions on Signal Processing, 2014, 62 (3): 531-544.

[9] Song Y, Liò P. A new approach for epileptic seizure detection: sample entropy based feature extraction and extreme learning machine [J]. Journal of Biomedical Science and Engineering, 2010, 3 (6): 556-567.

[10] Yang X S. Firefly algorithm, stochastic test functions and design optimization [J]. International Journal of Bio-Inspired Computation, 2010, 2 (2): 78-84.

[11] Baghaee H R, Mirsalim M, Gharehpetan G B, Talebi H A. Nonlinear load sharing and voltage compensation of microgrids based on harmonic power-flow calculations using radial basis function neural networks [J]. IEEE Systems Journal, 2018, 12 (3): 2749-2759.

[12] Melin P, Soto J, Castillo O, Soria J. A new approach for time series prediction using ensembles of ANFIS models [J]. Expert Systems with Applications, 2012, 39 (3): 3494-3506.

第5章

脑电时间序列的特征提取方法与分类模型

脑电图（electroencephalogram，EEG）是一类特殊的混沌时间序列，它采用分布在大脑头皮上的电极记录大脑的生理电活动，具有十分丰富的动力学特性。随着电子设备和信息技术的发展，脑电时间序列在医疗辅助决策中占据重要地位，常用于诊断癫痫、睡眠障碍、阿尔茨海默病等疾病。本章以脑电时间序列为研究对象，主要介绍脑电时间序列的特征提取方法与分类模型，实现脑电时间序列的高精度自动分类。首先，针对一维脑电时间序列，本章介绍一种混合特征提取方法，全面描述脑电信号的复杂特征；然后，介绍一种集成神经网络模型，提升分类结果的准确性；最后，针对多元脑电时间序列，介绍基于互信息的特征提取方法，提取脑电时间序列的空间特征。

5.1 脑电时间序列特征提取方法概述

脑电图（EEG）是一种记录大脑活动的电生理监测方法。它是一种非侵入式手段，通过分布在头皮上的电极测量由大脑神经元内离子电流引起的电压波动。脑电信号表现出非常复杂的动力学行为，具有很强的非线性和动态特性。在早期研究中，人们通过视觉感知区分不同类型的脑电信号。然而，在时域中观察脑电信号很难做出正确的判断，分析过程耗时且不可靠。20世纪50年代，随着电子计算机的发展，脑电信号的研究有了质的飞跃，许多学者开始关注脑电信号的自动分类，并逐渐成为临床诊断的重要标准。20世纪90年代，研究人员开始使用人工智能方法处理脑电信号，形成了特征提取和分类的处理过程，取得了突出的研究成果，极大推动了计算机辅助诊断的发展[1]。

提取有效特征是脑电信号自动分类的关键环节。特征提取是通过映射或变换等方法，获取原始时间序列数据的信息。通常，脑电时间序列特征提取方法可分为线性和非线性两类[2]。线性方法建立在线性模型基础上，主要分析脑电信号的时域和频域特性。时域分析法提取脑电信号的波形特征，从而区分不同类型的脑电信号，代表性方法包括幅值和相位、自回归模型等。频域分析法提取脑电信号的频谱特性，代表性方法包括快速傅里叶变换、高阶谱分析、功率谱分析等。时频分析法应用时频分析对脑电信号进行分解，代表性方法包括小波变换、小波包分解等。由于脑电信号具有很强的非线性特性，采用线性方法难以完全描述脑电信号的特性。随着非线性科学的不断发展，非线性动力学方法广泛应用于脑电时间序列的特征提取。非线性方法包括非线性动力学指标，例如最大 Lyapunov指数、关联维数等；复杂性测度，例如 Lempel-Ziv 等；信息熵，例如样本熵、近似熵、Kolmogorov 熵等。此外，还存在一些用于多通道脑电信号的空间特征提取方法，例如主成分分析和共空间模式[3] 等。

脑电信号是一类包含复杂信息的非平稳时间序列，所以单一的特征提取方法难以描述脑电信号的复杂特性。现有研究表明，相比于单一特征提取方法，混合特征提取方法可以获得更好的性能[4]。因此，综合运用不同类型特征提取方法，并寻找最优的输入特征集合，是脑电信号特征提取的发展趋势。然而，随着提取的特性信息不断增加，在分类过程中可能会面临维数灾难问题。特征集合中包括一些无关或冗余特征，容易对分类结果产生不良影响。为解决此问题，数据降维成为脑电信号特征提取的关键环节，包括特征变换和特征选择两种方式。降维过程可以剔除无关和冗余信息，从而提高分类模型的泛化性能。特征变换通过映射或变换的方式提取原始特征集合的重要特征[5]，例如主成分分析、独立成分分析和线性判别分析等。特征选择不改变原始特征的物理特性，能够筛选出具有代表性的重要特征[6]，例如 Fisher 准则、线性回归和遗传算法等。

5.2 脑电时间序列混合特征提取算法

特征提取是分析时间序列的关键环节，本节介绍一种混合特征提取方法，可以有效提取出脑电时间序列的代表性特征。首先，介绍不同类型的特征提取方法，包括自回归模型、小波变换、小波包分解和样本熵，用于提取脑电时间序列的线性与非线性特征。由于混合特征中包含大量冗余或无关特征，不利于后续的分析与建模。因此，本节采用基于类可分离性的特征选择算法，移除特征集合中的冗余和无关特征，选择出最具有代表性的特征子集，从而简化分类模型并提高泛化性能。

5.2.1 自回归模型

自回归（autoregressive，AR）模型是一种常见的时间序列模型，广泛应用

于不同类型时间序列的拟合与预测[7]。AR 模型能够很好地拟合脑电时间序列，从而获得有效的时域信息，即 AR 模型系数。AR 模型中输出变量线性依赖于其历史值和一个随机项，因此 AR 模型的数学表达式为差分方程。假设 $\{y_t | t=1,2,\cdots,n\}$ 为一个平稳时间序列，则 p 阶的 AR 模型定义为

$$y_t = \phi_0 + \sum_{i=1}^{p} \phi_i y_{t-i} + \varepsilon_t \tag{5.1}$$

式中，ϕ_0 为常数项；p 为模型阶数；$\{\phi_1,\phi_2,\cdots,\phi_p\}$ 为自回归模型系数；ε_t 为随机误差项。AR 模型反映了观测值 y_t 与历史值 $\{y_{t-1},y_{t-2},\cdots,y_{t-p}\}$ 之间的关系。AR（p）模型满足如下条件：

ⅰ. $\phi_p \neq 0$，即保证模型的阶数为 p；

ⅱ. $\varepsilon_t \sim N(0,\sigma_\varepsilon^2)$ 且满足独立同分布条件，即随机误差项 ε_t 为零均值的高斯白噪声；

ⅲ. $E(y_s \varepsilon_t)=0$，$\forall s < t$，即随机误差项与时间序列的历史值无关。

建立 AR 模型的关键在于如何确定模型阶数和求解自回归模型系数，本章采用赤池信息准则（Akaike information criterion，AIC）确定 AR 模型阶数，并根据 Burg 法计算 AR 模型的系数。

5.2.2　小波变换和小波包变换

小波变换（wavelet transform，WT）[8] 根据时间和频率分解时间序列信号，是当前最流行的时频分析方法之一。对于信号 $x(n)$，其连续小波变换定义为

$$\mathrm{WT}(a,b) = |a|^{-1/2} \int_{-\infty}^{\infty} x(n) \overline{\psi\left(\frac{n-b}{a}\right)} \mathrm{d}n \tag{5.2}$$

式中，$\psi()$ 是时域和频域的连续函数，称为母小波，上划线表示复共轭运算；a 为比例因子，控制小波函数的伸缩；b 为移位因子，控制小波函数的平移。由于脑电时间序列是一种离散信号，因此通常采用离散小波变换（discrete wavelet transform，DWT）对其进行分析。图 5.1 展示了根据 DWT 实现信号 $x(n)$ 三层分解的示意图，$h(n)$ 和 $l(n)$ 分别表示高通和低通滤波器，↓2 表示降采样滤波器。首先，原始信号 $x(n)$ 通过 $h(n)$ 得到细节系数 D_1，即高频部分；通过 $l(n)$ 得到近似系数 A_1，即低频部分。然后，继续对近似系数 A_1 进行分解，得到细节系数 D_2 和近似系数 A_2。重复以上过程，最终实现原始信号 $x(n)$ 的离散小波分解。根据 Mallat 算法，小波系数的递归公式为

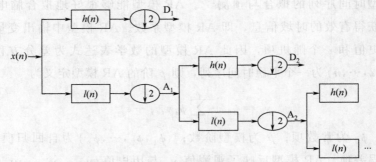

图 5.1　离散小波变换示意图

$$\begin{cases} A_{j+1,k} = \sum_{p \in Z} l_{p-2k} A_{j,p} \\ D_{j+1,k} = \sum_{p \in Z} h_{p-2k} D_{j,p} \end{cases} \tag{5.3}$$

式中，A 表示近似系数；D 表示细节系数；j 表示尺度；k 表示样本点数。小波系数可以有效地反映脑电时间序列的时频特性，通常用于分析脑电时间序列的特征。

虽然离散小波变换具有灵活的时频分辨率，但是它在下一层的分解过程中只对低频部分进行分析，因此高频部分具有相对较低的分辨率，导致其难以区分高频瞬态分量。小波包分解（wavelet packet decomposition，WPD）[9] 能够克服上述不足，它在每一层的分解过程中同时对信号的高频和低频部分进行分解，从而提取出更加详细的时频特征信息。图 5.2 展示了两层小波包分解的示意图。从图中可以看出，小波包分解得到的细节系数和近似系数构成了完整的二叉树，分解结

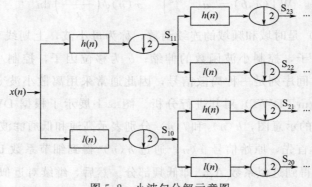

图 5.2　小波包分解示意图

果覆盖了全部的原始信号频带，得到了更加丰富的局部信息。第 $(j+1)$ 层的小波包系数可以根据第 j 层的小波包系数计算得到，小波包系数的递归公式为

$$\begin{cases} d_{j+1,k}^{2n} = \sum_{p \in Z} h_{p-2k} d_{j,p}^{n} \\ d_{j+1,k}^{2n+1} = \sum_{p \in Z} l_{p-2k} d_{j,p}^{n} \end{cases} \tag{5.4}$$

式中，$d_{j+1,k}^{2n}$ 和 $d_{j+1,k}^{2n+1}$ 为第 $j+1$ 层的小波包系数，$n=0,1,2,\cdots,2^{j}-1$。

离散小波变换和小波包分解属于时频分析法，下面对分解系数进行统计分析。以小波包系数为例，第 j 个频带的小波包系数构成特征向量 $\boldsymbol{d}_j = [d_{j1},d_{j2},\cdots,d_{jp}]^{\mathrm{T}} \in \mathbb{R}^p$，小波包系数的平均值为

$$U_j = \frac{\sum_{k=1}^{p} d_{jk}}{p} \tag{5.5}$$

小波包系数的标准差为

$$S_j = \sqrt{\frac{1}{p} \sum_{k=1}^{p} (d_{jk} - U_j)^2} \tag{5.6}$$

小波包系数的平均功率为

$$W_j = \frac{\sum_{k=1}^{p} d_{jk}^2}{p} \tag{5.7}$$

统计全部频带小波包系数的统计特征，组成脑电时间序列的时频特征集合。

5.2.3　样本熵

样本熵（sample entropy，SampEn）[10] 是一种时间序列的复杂性度量，常用于分析生理学时间序列。样本熵是一个非负数，其值越大表明时间序列复杂性越高。样本熵具有很好的一致性，即参数变化对计算结果有相同影响，并且计算结果不依赖于时间序列的长度，能够有效分析短期时间序列的复杂性。此外，样本熵具有良好的抗噪声干扰性能。样本熵的计算过程如 4.3.1 节所示。

5.2.4　混合特征提取算法

为了获得时间序列的综合特征，本节介绍一种结合线性和非线性特征的混合特征提取方法，特征提取过程如图 5.3 所示。首先，原始脑电时间序列经过预处理之后，采用不同类型的特征提取方法分别提取特征；然后，将不同属性的特征

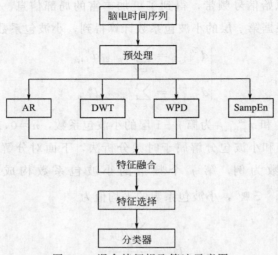

图 5.3　混合特征提取算法示意图

融合，得到脑电时间序列的混合特征集合。然而，随着提取的特征维度不断增加，出现大量冗余或无关特征，增加了分类模型的计算负担，并且容易产生过拟合现象。为解决以上问题，本节在特征提取之后增加特征选择过程，设计一种基于类可分离性的特征选择（class separability-based feature selection，CSFS）算法，为分类模型选择最优特征子集。

样本集合 $\boldsymbol{X} = \{\boldsymbol{x}(k) \mid k = 1, 2, \cdots, N\}$ 包含 N 个样本，其中第 i 类的第 j 个样本表示为 $\boldsymbol{x}_{ij} \in \mathbb{R}^p$（$i = 1, 2, \cdots, c; j = 1, 2, \cdots, N_i$），$p$ 表示样本包含的特征维数，c 表示样本的类别数，N_i 代表第 i 类样本个数。定义样本集合的类间离散矩阵 $\boldsymbol{S}_b$ 和类内离散矩阵 $\boldsymbol{S}_w$，为

$$\boldsymbol{S}_b = \sum_{i=1}^{c} \frac{N_i}{N} (\bar{\boldsymbol{x}}_i - \bar{\boldsymbol{x}})(\bar{\boldsymbol{x}}_i - \bar{\boldsymbol{x}})^{\mathrm{T}} \tag{5.8}$$

$$\boldsymbol{S}_w = \sum_{i=1}^{c} \sum_{j=1}^{N_i} \frac{1}{N} (\boldsymbol{x}_{ij} - \bar{\boldsymbol{x}}_i)(\boldsymbol{x}_{ij} - \bar{\boldsymbol{x}}_i)^{\mathrm{T}} \tag{5.9}$$

式中，$\bar{\boldsymbol{x}}_i$ 为第 i 类样本均值；$\bar{\boldsymbol{x}}$ 为全部样本均值。类可分离性准则结合了类间离散度和类内离散度，定义为

$$J = \frac{\mathrm{tr}(\boldsymbol{S}_b)}{\mathrm{tr}(\boldsymbol{S}_w)} \tag{5.10}$$

J 表示样本集合的类可分离性，J 的数值越大表明样本的可分性越好。

基于类可分离性准则，本节设计一种基于类可分离性的特征选择算法，具体

步骤为：

步骤一　初始化。原始特征集合 $F = [f_1, f_2, \cdots, f_p] \in \mathbb{R}^{N \times p}$，其中 f_i 表示数据集 F 中的特征向量，且数据集 F 中所有样本的类别信息均已知。已选特征集合为 $L = \varnothing$，设置已选特征集合维数的最大值为 l。

步骤二　计算每个特征 f_i 的类内离散度和类间离散度矩阵，根据式（5.10）计算每个特征的类可分离性。将具有最大类可分离性的特征加入到已选特征集合 L。

步骤三　根据前向选择算法，选择下一个特征，满足 $L \cup \{f_i\}$，$f_i \in \{F - L\}$ 的类可分离性最大。将 f_i 加入到已选特征集合 L。

步骤四　重复步骤三，直到已选特征集合维数达到最大值 l。最后，通过交叉验证方法确定最优特征子集。

5.2.5　仿真实例

本节采用波恩大学癫痫研究中心的脑电时间序列数据集[11]进行仿真实验。该数据集包含 5 个子集（A～E），每个子集包含 100 组 EEG 信号，其中眼电、肌电等伪迹信号通过目视检验从 EEG 信号中移除。EEG 信号的采样频率为 173.61Hz，滤波器带宽为 0.53～40Hz，12 位 D/A 转换，每段 EEG 信号包含 4097 个采样点。为了增加数据集的样本数量，将每个样本分成 4 个部分，因此每段信号包含 1024 个采样点。5 个子集在不同条件下获得：子集 A 是在健康的受试者眼睛睁开时获得的；子集 B 是在健康的受试者闭眼时获得的；子集 C 和 D 是在癫痫患者发作间期测量的 EEG 信号，其中子集 C 来源于大脑的海马结构，子集 D 来源于癫痫发作区；子集 E 是在癫痫发作时获得的。5 个子集的典型信号（A/B/C/D/E）如图 5.4 所示。在仿真实验中，本章考虑子集 A、D 和 E 的多分类任务。

应用混合特征提取方法对脑电时间序列数据集进行特征提取。首先，分别采用自回归模型、离散小波变换、小波包分解和样本熵提取 EEG 特征，获得混合特征集合。然后，根据基于类可分离性的特征选择算法，确定最优特征子集。为了确定最优特征子集，需要采用交叉验证方法，将训练集划分为训练子集和验证子集。在验证子集上的分类结果如图 5.5 所示，其中横坐标为特征维数，纵坐标为验证子集的分类精度。根据图 5.5 的分类结果，可以确定最优特征子集的维数为 7。图 5.6 展示了不同特征提取方法获得的特征维数，可以清晰地看出最优特征子集的特征分布情况。结果表明，CSFS 算法可以选择出不同特征提取方法的代表性特征。

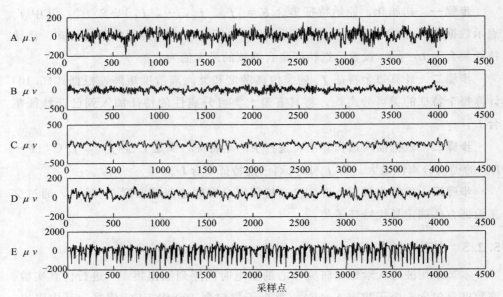

图 5.4　波恩大学数据集的典型 EEG 信号（A/B/C/D/E）

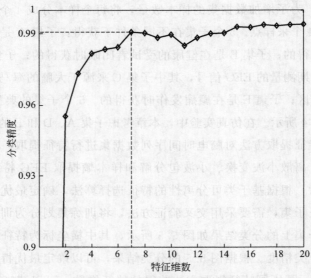

图 5.5　验证子集的分类结果

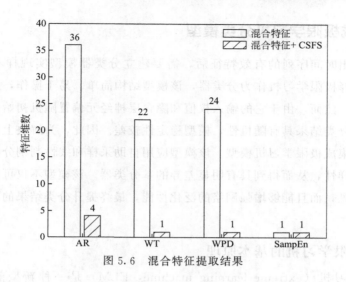

图 5.6　混合特征提取结果

　　为了评估不同特征提取方法的性能，将提出的混合特征提取方法与常用的特征提取方法进行比较。根据类可分离性定量评价特征提取的效果，通过类间离散度与类内离散度的比值来判断，计算方式如式（5.10）所示。类可分离性可以定量分析样本集的分类性能，其数值越大，表明分类性能越好。表 5.1 列出了不同特征提取方法获得的样本的类可分离性，分别是自回归模型、离散小波变换、小波包分解和混合特征提取方法。

表 5.1　波恩大学 EEG 数据集样本的类可分离性比较

特征提取方法	特征维数	$\text{tr}(\boldsymbol{S}_b)$	$\text{tr}(\boldsymbol{S}_w)$	J
AR	36	0.3714	0.5010	0.7413
DWT	22	13.8148	57.6344	0.2397
WPD	24	0.9503	1.6021	0.5932
混合特征	83	15.4701	59.7871	0.2588
混合特征＋CSFS	7	0.4191	0.1155	**3.6299**

　　实验结果表明，经过特征选择的混合特征提取方法得到的样本的类可分离性最高，表明所提方法可以获得有利于 EEG 自动分类的有效信息。由于通过 SampEn 方法获得的特征是一维向量，因此表 5.1 没有列出 SampEn 方法的类可分离性。为了与其他方法对比，SampEn 方法的性能将在 5.3.3 节分类实验中进行分析。

5.3　集成极限学习机分类模型

在提取出时间序列的有效特征后，需要建立分类器模型实现样本的自动分类。本节选择极限学习机作为分类器，该模型结构简单、易于操作，且具有较高的分类精度。然而，由于它的输入权值和隐含层神经元偏置随机初始化，单个极限学习机的分类结果具有随机性，模型稳定性较差。因此，为解决上述问题，本节介绍一种集成极限学习机模型。该模型应用自助采样和线性判别分析提升训练样本集的多样性，从而得到具有明显差异的基分类器。该模型不仅可以移除样本集的冗余信息，而且能够增强网络的泛化性能，最终提升分类结果的准确率和稳定性。

5.3.1　极限学习机的基本原理

极限学习机（extreme learning machine，ELM）是一种新型前馈神经网络[12]。普通的 ELM 具有三层网络结构，即输入层、隐含层和输出层，如图 5.7所示。ELM 的输入权值与隐含层神经元偏置随机初始化，并在训练过程中保持不变；输出权值在训练过程中求取，通常采用线性回归方法估计。理论研究表明，采用随机生成的隐含层节点，ELM 仍具有前馈神经网络的通用逼近能力。ELM 应用范围十分广泛，在分类与回归问题中取得了很好的结果。

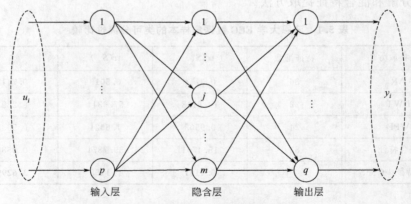

图 5.7　极限学习机的网络结构

给定训练数据集 $\langle \boldsymbol{u}_i, \boldsymbol{t}_i \mid i=1,2,\cdots,N \rangle$，其中 $\boldsymbol{u}_i = [u_{i1}, u_{i2}, \cdots, u_{ip}]^{\mathrm{T}} \in \mathbb{R}^p$ 为输入，$\boldsymbol{t}_i = [t_{i1}, t_{i2}, \cdots, t_{iq}]^{\mathrm{T}} \in \mathbb{R}^q$ 为输出，N 表示训练样本数。ELM 的隐含层节点数设置为 m，则网络的输出 $\boldsymbol{y}_i = [y_{i1}, y_{i2}, \cdots, y_{iq}]^{\mathrm{T}} \in \mathbb{R}^q$ 可以表示为

$$y_i = \sum_{j=1}^{m} \boldsymbol{\beta}_j g(\boldsymbol{w}_j^{\mathrm{T}} \boldsymbol{u}_i + b_j), i = 1, 2, \cdots, N \tag{5.11}$$

式中，$\boldsymbol{w}_j = [w_{j1}, w_{j2}, \cdots, w_{jp}]^{\mathrm{T}} \in \mathbb{R}^p$ 表示输入层与隐含层第 j 个神经元之间的权值；$\boldsymbol{\beta}_j = [\beta_{j1}, \beta_{j2}, \cdots, \beta_{jq}]^{\mathrm{T}} \in \mathbb{R}^q$ 表示隐含层第 j 个神经元与输出层之间的权值；b_j 表示隐含层第 j 个神经元的偏置；$g()$ 表示隐含层神经元的激活函数，一般选择 Sigmoid 函数。将式(5.11) 表示为矩阵形式

$$\boldsymbol{Y} = \boldsymbol{H}\boldsymbol{\beta} \tag{5.12}$$

式中，$\boldsymbol{Y}$ 为网络的输出矩阵；$\boldsymbol{H}$ 为网络的状态矩阵；$\boldsymbol{\beta}$ 为网络的输出权值矩阵。它们的具体定义为

$$\boldsymbol{H} = \begin{bmatrix} g(\boldsymbol{w}_1^{\mathrm{T}} \boldsymbol{u}_1 + b_1) & \cdots & g(\boldsymbol{w}_m^{\mathrm{T}} \boldsymbol{u}_1 + b_m) \\ \vdots & \cdots & \vdots \\ g(\boldsymbol{w}_1^{\mathrm{T}} \boldsymbol{u}_N + b_1) & \cdots & g(\boldsymbol{w}_m^{\mathrm{T}} \boldsymbol{u}_N + b_m) \end{bmatrix}_{N \times m}$$

$$\boldsymbol{\beta} = \begin{bmatrix} \boldsymbol{\beta}_1^{\mathrm{T}} \\ \vdots \\ \boldsymbol{\beta}_m^{\mathrm{T}} \end{bmatrix}_{m \times q}, \boldsymbol{Y} = \begin{bmatrix} \boldsymbol{y}_1^{\mathrm{T}} \\ \vdots \\ \boldsymbol{y}_N^{\mathrm{T}} \end{bmatrix}_{N \times q}$$

在 ELM 的训练过程中，通过最小化平方误差损失函数求取输出权值矩阵 $\boldsymbol{\beta}$，目标函数为

$$\min \|\boldsymbol{Y} - \boldsymbol{T}\|_{\mathrm{Frob}}^2 = \min \|\boldsymbol{H}\boldsymbol{\beta} - \boldsymbol{T}\|_{\mathrm{Frob}}^2 \tag{5.13}$$

式中，$\boldsymbol{T} = [\boldsymbol{t}_1^{\mathrm{T}}, \cdots, \boldsymbol{t}_N^{\mathrm{T}}]_{N \times q}$ 表示目标输出矩阵，$\|\|_{\mathrm{Frob}}$ 表示 Frobenius 范数。采用伪逆算法求解式(5.13)，输出权值 $\boldsymbol{\beta}$ 的估计值为

$$\hat{\boldsymbol{\beta}} = \boldsymbol{H}^{\dagger}\boldsymbol{T} = (\boldsymbol{H}^{\mathrm{T}}\boldsymbol{H})^{-1}\boldsymbol{H}^{\mathrm{T}}\boldsymbol{T} \tag{5.14}$$

式中，$\boldsymbol{H}^{\dagger}$ 为矩阵 $\boldsymbol{H}$ 的 Moore-Penrose 广义逆。对于上述的伪逆问题，可以采用正交投影法、奇异值分解等进行求解。

5.3.2　基于线性判别分析的集成极限学习机模型

集成学习[13] 是生成和组合多个模型以解决特定学习任务的过程，主要用于提升模型的分类、预测等性能，同时降低选择不良模型的可能性。集成学习首先生成一组基学习器，然后采用集成策略将其组合，因此也称为多分类器系统。集成学习通过组合不同的模型或具有明显差异的模型，能够获得优于单一模型的泛化能力，是提高模型分类效果的一种有效方法。

按照基学习器的生成方式，集成学习分为串行和并行两类。串行集成的代表

性算法为 Boosting，其基本思想是：根据初始训练集合建立第一个基学习器；根据基学习器的性能调整训练样本的分布情况，对分类错误的样本赋予较大权重；采用调整后的训练样本集合训练新的基学习器；重复进行以上操作，直到基学习器数量达到要求，将全部的基学习器加权组合。并行集成的代表性算法有 Bagging、随机森林等，Bagging 的基本思想是：根据自助采样法从原始训练集合中抽取训练样本，经过 T 轮抽取得到 T 个训练集；根据 T 个训练集分别训练 T 个基学习器，将全部基学习器组合。此外，为了得到期望的预测或分类结果，集成学习有多种结合策略，包括平均法、投票法和学习法等。

为了研究集成学习的有效性，Krogh 和 Vedelsby 提出了集成神经网络泛化误差的表达式[14] 为

$$E = \bar{E} - \bar{A} \tag{5.15}$$

式中，E 表示集成神经网络的泛化误差；$\bar{E}$ 表示基学习器泛化误差的加权平均值；$\bar{A}$ 表示基学习器的加权分歧值。由式(5.15) 可以看出，集成神经网络的泛化误差一定小于基学习器泛化误差的加权平均值。此外，降低集成神经网络的泛化误差主要有两个途径，即降低基学习器的泛化误差、提高基学习器的多样性。由于集成神经网络采用同样的基学习器，属于同质集成，因此提高基学习器的多样性是降低集成神经网络泛化误差的有效策略。

基于以上分析，本节采用并行集成策略，提出一种基于线性判别分析的集成极限学习机（LDA-EELM）模型。该模型从三个方面提升集成神经网络的多样性，分别是数据样本扰动、输入属性扰动和算法参数扰动。首先，根据初始的训练样本集，采用自助采样（bootstrap sampling）法获取多个不同的训练子集，实现数据样本扰动。自助采样法简单高效，对神经网络基学习器具有显著的扰动效果。然后，应用线性判别分析（linear discriminant analysis，LDA）方法处理不同的训练子集，得到具有不同子空间的训练子集，实现输入属性扰动。LDA 的基本思想是[15]：寻找输入特征的最佳线性组合，使得同类样本尽可能接近，不同类样本尽可能远离。LDA 的优化目标结合了样本的类间离散矩阵 $\boldsymbol{S}_b$ 和类内离散矩阵 $\boldsymbol{S}_w$，如式(5.8) 和式(5.9) 所示，优化目标函数为

$$J(w) = \frac{w^{\mathrm{T}} \boldsymbol{S}_b w}{w^{\mathrm{T}} \boldsymbol{S}_w w} \tag{5.16}$$

式中，w 表示投影向量。最大化目标函数 [式(5.16)]，即可求得最佳的投影向量 w。LDA 不仅能够实现输入属性扰动，而且可以去除冗余信息，从而降低模型的计算时间。此外，ELM 的初始输入权值和隐含层神经元偏置随机产生，

随机初始化可以产生具有较大差别的基学习器，实现了算法参数扰动。因此，通过以上三方面操作，提出的集成神经网络模型的基学习器具有很好的多样性，从而有效提升模型的泛化性能。图 5.8 为 LDA-EELM 模型的示意图，实现步骤如下：

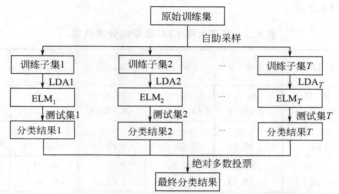

图 5.8　基于线性判别分析的集成极限学习机模型示意图

步骤一　根据初始训练样本集 $\{u_i, t_i | i = 1, 2, \cdots, N\}$，采用自助采样法获取 T 个包含 $M(M < N)$ 个样本的训练子集。

步骤二　对每个训练子集进行 LDA 变换，获得 T 个新的训练子集。

步骤三　根据 T 个训练子集，通过线性回归方法分别训练 T 个 ELM 模型。

步骤四　采用步骤二中 LDA 的投影向量处理测试集，获得 T 个测试集。

步骤五　利用训练好的 ELM 模型对相应的测试集进行分类，得到 T 个分类结果。

步骤六　根据绝对多数投票法，得到集成 ELM 的最终分类结果。

5.3.3　仿真实例

为了分析特征提取方法与分类器的性能，本节进行脑电数据集的分类实验。采用混合特征提取方法提取 EEG 特征，并与自回归模型、离散小波变换、小波包分解和样本熵进行对比分析。在分类模型方面，LDA-EELM 模型与单个极限学习机[12]、最优剪枝极限学习机（optimally pruned extreme learning machine，OP-ELM)[16]、基于 Bagging 和 Boosting 的集成极限学习机模型[17]进行比较。

对于波恩大学 EEG 数据集，选择子集 A、D 和 E 进行多分类仿真实验。根据特征提取方法获得 1200 个样本，其中每个类别分别有 400 个样本。从每个类别中随机选择 300 个样本（总计 900 个样本）作为训练样本，其余样本作为测试样本。ELM 隐含层神经元的激活函数选择 Sigmoid 函数，所有方法中 ELM 的隐含层节点数根据交叉验证方法进行设置，集成神经网络模型的基学习器个数设置为 20。同样地，所有算法进行 50 次独立实验，分类结果为 50 次实验的平均值。表 5.2 展示了在波恩大学 EEG 数据集上不同方法的分类结果，分别为分类精度（％）和标准差。

表 5.2 波恩大学 EEG 数据集分类结果

项目	AR	DWT	WPD	SampEn	混合特征	混合特征+CSFS
ELM	94.78 (3.8E-3)	90.35 (2.7E-2)	95.98 (4.7E-3)	71.44 (8.7E-3)	95.83 (1.4E-2)	**98.90** (1.2E-3)
OP-ELM	96.08 (2.5E-3)	91.49 (1.8E-2)	96.08 (3.6E-3)	71.53 (8.4E-3)	97.37 (5.8E-3)	**98.95** (1.0E-3)
Bagging	96.56 (2.2E-3)	93.32 (4.8E-3)	96.26 (2.4E-3)	71.86 (4.6E-3)	97.80 (8.6E-4)	**98.97** (6.5E-4)
Boosting	96.57 (1.6E-3)	92.92 (7.5E-3)	96.21 (1.3E-3)	70.33 (1.2E-2)	97.70 (1.5E-3)	**99.00** (1.2E-3)
LDA-EELM	**97.41** (5.6E-4)	**95.71** (1.5E-3)	**96.42** (1.0E-3)	**71.98** (3.2E-3)	**98.49** (6.2E-4)	**99.43** (4.6E-4)

波恩大学 EEG 数据集分类结果表明，混合特征提取方法在特征提取方面表现出良好的性能，在所有分类器中都可以获得超过 98％的分类精度，表明所提方法能够提取出更加全面的 EEG 特征信息。在相同特征提取方法的条件下，LDA-EELM 模型能够获得最好的分类结果，表明所提方法不仅具有良好的分类性能，而且具有很强的泛化能力。综合比较全部方法的分类结果，混合特征提取与 LDA-EELM 模型在真实癫痫脑电数据集中获得了 99.43％的最高分类准确率，表明该方法在实际应用中具有很强的可信度。因此，该方法不仅可以准确地完成癫痫脑电信号的分类，还有助于医生诊断患者的发病情况，在医疗辅助决策中发挥作用。

在波恩大学 EEG 数据集分类中，基于 SampEn 特征提取结果，LDA-EELM 模型没有获得比其他算法更好的结果。主要原因是 SampEn 是具有单一属性的一维向量，LDA 变换不能增加训练子集之间的多样性，因此该方法没有明显的优势。图 5.9 展示了波恩大学 EEG 数据集中每类样品的 SampEn 值分布情况。在波恩大学 EEG 数据集中，子集 A 的 SampEn 值与子集 D、E 的 SampEn 值有显著差异，但是子集 D 和 E 的 SampEn 值存在大量重叠，导致分类精度较低。

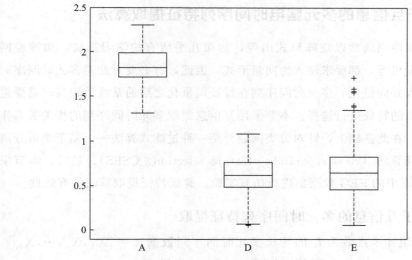

图 5.9　SampEn 特征提取结果

此外，很多学者研究波恩大学 EEG 数据集，针对不同的分类任务提出解决方案。表 5.3 给出了本节方法与其他研究之间的对比，所有研究均考虑子集 A、D 和 E 的多分类问题，重点关注各项研究的特征提取方法、分类器和分类精度。从表 5.3 可以看出，本节方法的分类精度最高。与单一特征提取方法相比，混合特征提取方法具有明显的优势。此外，集成分类器进一步提高了 EEG 分类的稳定性和准确率。因此，本节方法整体分类准确率高，可以正确区分多个类别的样本。研究结果为诊断癫痫疾病提供了可靠的辅助决策，为将来开发人脑状况监测和疾病诊断系统提供技术支撑。

表 5.3　本节方法与其他研究的对比

作者	研究对象	特征提取方法	分类器	分类精度/%
Übeyli[18]	A/D/E	DWT	混合专家系统	93.17
Song et al.[19]	A/D/E	SampEn	ELM	95.67
Orhan et al.[20]	A/D/E	DWT+k 均值聚类	多层感知器	96.67
Güler et al.[21]	A/D/E	Lyapunov 指数	递归神经网络	96.79
Acharya et al.[22]	A/D/E	信息熵	模糊分类器	98.10
Acharya et al.[23]	A/D/E	WPD+PCA	高斯混合模型	99.00
Peker et al.[24]	A/D/E	双树复小波变换	复数值神经网络	99.30
本节方法	A/D/E	混合特征＋CSFS	LDA-EELM	99.43

5.4 基于互信息的多元脑电时间序列特征提取算法

多元时间序列通常以矩阵形式出现，然而几乎所有的学习算法，如神经网络、支持向量机等，都要求输入为向量形式。因此，有必要对此类多元时间序列进行特征提取并向量化。多元时间序列在特征向量化之后通常维数较高，需要进一步对提取出的特征进行选择。本节采用互信息提取多元时间序列的相关关系作为特征向量，在此基础上，针对分类问题介绍一种过滤式算法——基于类可分离性的特征选择算法（class separability feature selection，CSFS）。最后，本节采用 UCI 数据库中的 EEG 数据集进行仿真实验，验证特征提取算法的有效性。

5.4.1 基于互信息的多元时间序列特征提取

给定 N 组样本点数为 L 的等长多元时间序列数据 $\boldsymbol{X} = [X_1, X_2, \cdots, X_m]$，其中 m 为变量维数。对于第 j 组数据，计算所有变量之间的两两互信息，得到一个 $m \times m$ 的互信息矩阵

$$I_j = \begin{bmatrix} I_j(X_1, X_1) & I_j(X_1, X_2) & \cdots & I_j(X_1, X_m) \\ I_j(X_2, X_1) & I_j(X_2, X_2) & \cdots & I_j(X_2, X_m) \\ \vdots & \vdots & \ddots & \vdots \\ I_j(X_m, X_1) & I_j(X_m, X_2) & \cdots & I_j(X_m, X_m) \end{bmatrix}, j = 1, 2, \cdots, N$$

$$(5.17)$$

列向量 $\beta_{ji} = [I_j(X_1, X_i) \ I_j(X_2, X_i) \ \cdots \ I_j(X_m, X_i)]^{\mathrm{T}} (i = 1, 2, \cdots, m)$ 为第 j 组多元时间序列样本的第 i 个特征。互信息特征提取之后需要对其进行向量化才能作为分类器的输入。由于互信息具有对称性，即

$$I(X_i, X_l) = I(X_l, X_i) \tag{5.18}$$

所以互信息矩阵 I_j 是对称矩阵。因此，只需要将 I_j 的上三角所有元素抽取并向量化即可。具体过程如下所示：

输入：一组多元时间序列数据
输出：互信息向量 $I_{\text{vectorize}}$
(1) 计算所有变量的成对互信息值，得到互信息阵 I；
(2) $I_{\text{vectorize}} = [\ ]$；
(3) for $i = 1$：m
(4) $I_{\text{vectorize}} = [I_{\text{vectorize}} \ I[i, i+1:m]]$；
(5) end

5.4.2　基于类可分离性和变量可分离性的特征选择

类可分离性是衡量分类性能优劣的一种常用评价指标。因此，能够使类可分离性最大化的特征子集可以认为是最优或者接近最优的。基于该思想，本节介绍一种基于类可分离性的变量选择算法——CSFS。

给定一组样本 $(x, y) \in (\mathbb{R}^m \times Y)$，其中 $\mathbb{R}^m$ 为 m 维特征空间，$Y = \{1, 2, \cdots, C\}$ 为类标集合。样本总数为 N，n_i 表示第 i 类中的样本个数，x_{ij} 定义为第 i 类中的第 j 个样本，u 为所有类别的样本均值，u_i 为第 i 类所对应的所有样本均值。具体表达式为

$$u = \frac{1}{N} \sum_{i=1}^{C} \sum_{j=1}^{n_i} x_{ij} \tag{5.19}$$

$$u_i = \frac{1}{n_i} \sum_{j=1}^{n_i} x_{ij} \tag{5.20}$$

则类间离散矩阵 S_b 和类内离散矩阵 S_w 定义为

$$S_b = \sum_{i=1}^{C} n_i (u_i - u)(u_i - u)^{\mathrm{T}} \tag{5.21}$$

$$S_w = \sum_{i=1}^{C} \sum_{j=1}^{n_i} (u_i - x_{ij})(u_i - x_{ij})^{\mathrm{T}} \tag{5.22}$$

基于离散矩阵的类可分离性为两者的迹或者行列式的比值，即

$$J_m = \frac{S_b}{S_w} \tag{5.23}$$

如果某个特征子集能够提高类可分离性，那么说明该特征子集对于分类是有效的[25]。该评价标准简单、鲁棒性好，对于二分类和多分类的问题同样适用。由于每个特征的类可分离性能够体现该特征对于分类的贡献程度，类可分离性的思想也可以用于为分类问题选择最优子集。然而，仅仅依据类可分离性选择特征，无法判别其中的冗余特征。因此，本节由类可分离性引申出一个新的概念，用于评估变量之间的冗余性——变量可分离性，表示为 S_f，计算公式为

$$S_f = \frac{1}{|S|} \sum_{j=1}^{|S|} \sum_{i=1}^{C} n_i (u_i - u_{ji})(u_i - u_{ji})^{\mathrm{T}} \tag{5.24}$$

式中，S 为已选特征子集；$|S|$ 为子集 S 的规模，即特征个数；u_{ji} 为子集 S 中的第 j 个特征在类 i 内的样本均值。因此 S_f 越大，说明特征之间的冗余性越小。

基于引入的冗余性标准，提出一种适用于多元时间序列的简单有效的特征子

集选择算法，即 CSFS。算法的具体步骤如下：

输入　N 个多元时间序列样本，每个样本等长，且特征维数均为 m，要选择的特征个数为 k。

输出　含有 k 个特征的最优子集。

步骤一　特征提取：计算每个多元时间序列样本的变量互信息阵，得到一个 $m \times m$ 的矩阵 [如式（5.17）所示]，作为每个多元时间序列样本的特征。

步骤二　特征排序：分别计算每维特征的类间离散度矩阵 S_b 和类内离散度矩阵 S_w

$$S_b = \sum_{i=1}^{C} n_i (u_i - u)(u_i - u)^{\mathrm{T}} \tag{5.25}$$

$$S_w = \sum_{i=1}^{C} \sum_{x_k \in \text{class}_i} (u_i - x_k)(u_i - x_k)^{\mathrm{T}} \tag{5.26}$$

式中，C 为样本总类别数；n_i 为属于第 i 类的样本个数；$u = \dfrac{1}{N} \sum_{i=1}^{N} x_i$，$u_i = \dfrac{1}{n_i} \sum_{x_k \in \text{class}_i} x_k$。按照每个特征的类可分离性的大小，即式（5.23），将特征进行降序排序。

步骤三　最优子集 S 初始化：取 J_m 值最大的特征为最优特征子集 S 的第一个特征。

步骤四　前向式特征选择，选择使下式最大的特征为子集 S 的下一个特征

$$J_r = \frac{S_b + S_f}{S_w} \tag{5.27}$$

$$S_f = \frac{1}{|S|} \sum_{j=1}^{|S|} \sum_{i=1}^{C} n_i (u_i - u_{ji})(u_i - u_{ji})^{\mathrm{T}}$$

式中，$|S|$ 为子集 S 的规模；u_{ji} 为子集 S 中属于类 i 的第 j 个变量的均值。

步骤五　判断是否满足停止条件：当 $|S| = k$，算法停止；否则，返回步骤四。

5.4.3　仿真实例

为了验证多元时间序列特征提取算法的有效性，采用 SVM 分类器评估特征选择算法对于分类性能提升的效果。SVM 使用线性核，由 LIBSVM 程序包[26]实现。互信息估计采用 Brown 等开发的 MIToolbox 程序包[27] 实现。仿真实验数据采用 UCI 数据库中的 EEG 数据集。EEG 是由电极记录下来的大脑生理电

活动，是一类典型的以矩阵形式出现的多元时间序列数据，其序列维数通常为16、64 或 128 等。

（1）UCI EEG 数据集分类结果比较

本节采用数据集为 UCI 数据库中的 EEG 数据集。该数据集包括醉酒者和正常人两组受试人群的 EEG 数据。信号通过 64 个电极以 256Hz 的频率采样得到，每次试验记录 1s 时长的脑电信号，对每个受试对象进行 10 次试验。仿真实验在从该数据集中抽取的四个子数据集上进行，分别称为 EEG_1、EEG_2、EEG_3 和 EEG_4。四个数据集的具体描述如表 5.4 所示。

表 5.4　UCI EEG 数据集描述

数据集	EEG_1	EEG_2	EEG_3	EEG_4
激励种类	S_1	S_2 match	S_2 nomatch	All
平均长度	256	256	256	256
变量个数	64	64	64	64
类别数量	2	2	2	2
每个类别下的样本数	200	200	200	600
训练样本个数	200	200	200	600
测试样本个数	200	200	200	600

将 CSFS 算法分别用于以上四组 EEG 数据集上进行仿真实验，并与 CLeVer[28]、Corona[29] 和 AGV[30] 算法进行比较。其中 CLeVer 和 Corona 两种算法提取特征之间的相关系数作为 SVM 的输入特征，而 AGV 算法提取每一维特征的均值和方差作为 SVM 的输入特征。仿真结果分别如图 5.10～图 5.13 所示。

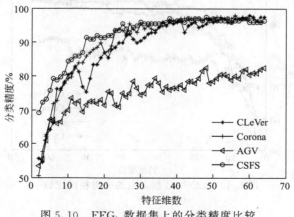

图 5.10　EEG_1 数据集上的分类精度比较

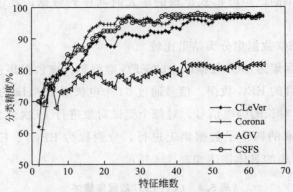

图 5.11　EEG$_2$ 数据集上的分类精度比较

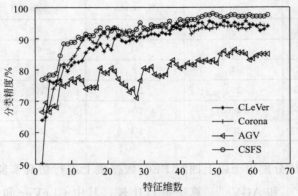

图 5.12　EEG$_3$ 数据集上的分类精度比较

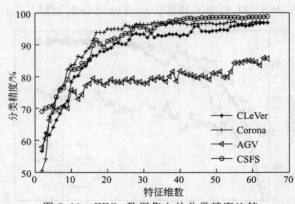

图 5.13　EEG$_4$ 数据集上的分类精度比较

由以上仿真结果可以看出，CSFS 算法在四组数据上整体都比其他三种算法表现优异。在 EEG_1 和 EEG_3 两个数据集上，CSFS 算法在几乎所有不同的变量维数情况下均取得了最高的分类精度。在 EEG_2 和 EEG_4 数据集上，CSFS 算法取得了与 Corona 算法相近的结果。对于 EEG_2 数据集，Corona 算法的分类精度仅在选择的变量个数在 11～35 范围内高于 CSFS 算法，对于 EEG_4 数据集，这个范围扩展至 7～35。这是因为 Corona 算法是基于封装式的设计，以模型的训练精度作为特征选择的标准，而 CSFS 算法是滤波式算法，在效率上更有优势。

（2）算法性能分析

本节分别从类可分离性、代表熵和时间复杂度三个方面对特征提取算法的性能做进一步的分析与评价。

① 类可分离性　类可分离性是衡量数据整体分类效果的一个常用指标，也经常用于衡量特征选择的优劣，其计算公式为

$$S = \frac{\text{trace}(S_b)}{\text{trace}(S_w)} \tag{5.28}$$

式中，S_b 是类间离散度矩阵；S_w 是类内离散度矩阵；$\text{trace}()$ 表示矩阵的迹。S 值越大，类内离散程度越小，类间离散程度越大，则不同的类与类之间越分散。所以，S 值越大表示所选特征对于分类的重要性越高，即特征子集越接近最优子集。

表 5.5 比较了 $k = m/2$ 时四种算法在不同数据集上的类可分离性。由表 5.5 可以看出，CSFS 算法的类可分离性明显高于其他三种特征选择算法，虽然 CSFS 算法采用的是单变量增加的搜索策略，但所选择的特征子集整体仍然具有较高的类可分离性。

表 5.5　不同数据集上的类可分离性

算法	EEG_1	EEG_2	EEG_3	EEG_4
CLeVer	0.0093	0.0177	0.0191	0.0102
Corona	0.0184	0.0182	0.0267	0.0161
AGV	0.0200	0.0372	0.0328	0.0278
CSFS	**0.0870**	**0.1627**	**0.1614**	**0.1265**

② 代表熵　代表熵是衡量特征冗余程度的一种评价指标。设规模为 K 的特征子集的 $K \times K$ 协方差阵的特征值为 λ_j，$j = 1, \cdots, K$。定义为

$$\tilde{\lambda}_j = \frac{\lambda_j}{\displaystyle\sum_{j=1}^{K} \lambda_j} \tag{5.29}$$

则 $\tilde{\lambda}_j$ 具有与概率相似的性质，即 $0 \leqslant \tilde{\lambda}_j \leqslant 1$，且 $\displaystyle\sum_{j=1}^{K} \lambda_j = 1$。因此，代表熵的定义为

$$H_R = -\sum_{j=1}^{K} \tilde{\lambda}_j \log \tilde{\lambda}_j \tag{5.30}$$

当特征集合包含的所有信息都集中于某一维特征上时，即只有一个特征值为 1，而其余特征值均为 0，则熵值最小；当所有信息均匀分布于各维特征之上时，熵值最大。因此，H_R 越大，说明所选特征集合的冗余程度越低。四种特征选择算法在不同数据集上的代表熵如表 5.6 所示，表中为子集个数约为总数的 1/3，即 $K=20$ 时的熵值结果。由表 5.6 可以看出，CSFS 算法在四组数据上均得到了最大的代表熵值，说明该算法所得到的特征子集具有最小的冗余性。

表 5.6 不同数据集上的代表熵

算法	EEG$_1$	EEG$_2$	EEG$_3$	EEG$_4$
CLeVer	1.8134	1.8264	1.7088	1.8302
Corona	1.7207	1.7017	1.8421	1.8847
AGV	0.1300	0.2059	0.1626	0.1786
CSFS	**1.8464**	**1.9157**	**1.8700**	**1.9311**

③ 时间复杂度　CSFS 算法的计算时间包括特征提取（计算互信息阵）与特征排序两部分；CLeVer 算法的计算时间包括计算 DCPC 值与排序两部分；Corona 算法的计算时间主要包括特征提取（计算相关系数阵）与迭代特征消减两部分；AGV 算法的计算时间包括特征提取（计算每维变量的均值和方差）和求取 AGV 值两部分。表 5.7 总结了各个算法在四组实验数据上所消耗的时间。

表 5.7 不同数据集上的计算时间　　　　　　　　　　　　s

算法	EEG$_1$	EEG$_2$	EEG$_3$	EEG$_4$
CLeVer	20.61	20.79	20.88	61.75
Corona	447.29	450.88	450.54	1347.97
AGV	**1.56**	**1.50**	**1.51**	**4.47**
CSFS	34.98	35.89	36.43	109.36

由表 5.7 可以看出，Corona 算法的计算时间最长，这是由于 Corona 属于封装式的方法，特征选择的过程中包括模型的训练部分。AGV 算法的计算时间最短，这是因为其余三种算法的大部分时间消耗在特征提取部分，而且提取出来的特征维数也比 AGV 高，这也对后续的选择过程在时间上增加了负担。

参考文献

［1］ Acharya U R，Sree S V，Swapna G，et al. Automated EEG analysis of epilepsy: a review ［J］. Knowledge-Based Systems, 2013, 45: 147-165.

［2］ Balli T，Palaniappan R. Classification of biological signals using linear and nonlinear features ［J］. Physiological Measurement, 2010, 31（7）: 903-920.

［3］ Wu W，Chen Z，Gao X，et al. Probabilistic common spatial patterns for multichannel EEG analysis ［J］. IEEE Transactions on Pattern Analysis and Machine Intelligence, 2014, 37（3）: 639-653.

［4］ Long J，Li Y，Yu T，et al. Target selection with hybrid feature for BCI-based 2-D cursor control ［J］. IEEE Transactions on Biomedical Engineering, 2011, 59（1）: 132-140.

［5］ Subasi A，Gursoy M I. EEG signal classification using PCA, ICA, LDA and support vector machines ［J］. Expert Systems with Applications, 2010, 37（12）: 8659-8666.

［6］ Gupta A，Agrawal R K，Kaur B. Performance enhancement of mental task classification using EEG signal: a study of multivariate feature selection methods ［J］. Soft Computing, 2015, 19（10）: 2799-2812.

［7］ Liang S F，Kuo C E，Hu Y H，et al. Automatic stage scoring of single-channel sleep EEG by using multiscale entropy and autoregressive models ［J］. IEEE Transactions on Instrumentation and Measurement, 2012, 61（6）: 1649-1657.

［8］ Adeli H，Zhou Z，Dadmehr N. Analysis of EEG records in an epileptic patient using wavelet transform ［J］. Journal of Neuroscience Methods, 2003, 123（1）: 69-87.

［9］ Alickovic E，Kevric J，Subasi A. Performance evaluation of empirical mode decomposition, discrete wavelet transform, and wavelet packed decomposition for automated epileptic seizure detection and prediction ［J］. Biomedical Signal Processing and Control, 2018, 39: 94-102.

［10］ Richman J S，Moorman J R. Physiological time-series analysis using approximate entropy and sample entropy ［J］. American Journal of Physiology-Heart and Circulatory Physiology, 2000, 278（6）: H2039-H2049.

［11］ Andrzejak R G，Lehnertz K，Mormann F，et al. Indications of nonlinear deterministic and finite-dimensional structures in time series of brain electrical activity: dependence on recording region and brain state ［J］. Physical Review E, 2001, 64（6）: 061907.

［12］ Huang G B. An insight into extreme learning machines: random neurons, random features and kernels ［J］. Cognitive Computation, 2014, 6（3）: 376-390.

［13］ 张春霞，张讲社. 选择性集成学习算法综述 ［J］. 计算机学报, 2011, 34（08）: 1399-1410.

［14］ Krogh A，Vedelsby J. Neural network ensembles, cross validation, and active learning ［C］. Advances in Neural Information Processing Systems, Cambridge, MA, USA, 1995: 231-238.

［15］ Yao C，Lu Z，Li J，et al. A subset method for improving linear discriminant analysis ［J］. Neurocomputing, 2014, 138: 310-315.

［16］ Miche Y，Sorjamaa A，Bas P，et al. OP-ELM: optimally pruned extreme learning machine ［J］. IEEE Transactions on Neural Networks, 2009, 21（1）: 158-162.

［17］ Skurichina M，Duin R P W. Bagging, boosting and the random subspace method for linear classifiers ［J］. Pattern Analysis & Applications, 2002, 5（2）: 121-135.

[18] Übeyli E D. Wavelet/mixture of experts network structure for EEG signals classification [J]. Expert Systems with Applications, 2008, 34（3）: 1954-1962.

[19] Song Y, Liò P. A new approach for epileptic seizure detection: sample entropy based feature extraction and extreme learning machine [J]. Journal of Biomedical Science and Engineering, 2010, 3（06）: 556-567.

[20] Orhan U, Hekim M, Ozer M. EEG signals classification using the K-means clustering and a multilayer perceptron neural network model [J]. Expert Systems with Applications, 2011, 38（10）: 13475-13481.

[21] Güler N F, Übeyli E D, Güler I. Recurrent neural networks employing Lyapunov exponents for EEG signals classification [J]. Expert Systems with Applications, 2005, 29（3）: 506-514.

[22] Acharya U R, Molinari F, Sree S V, et al. Automated diagnosis of epileptic EEG using entropies [J]. Biomedical Signal Processing and Control, 2012, 7（4）: 401-408.

[23] Acharya U R, Sree S V, Alvin A P C, et al. Use of principal component analysis for automatic classification of epileptic EEG activities in wavelet framework [J]. Expert Systems with Applications, 2012, 39（10）: 9072-9078.

[24] Peker M, Sen B, Delen D. A novel method for automated diagnosis of epilepsy using complex-valued classifiers [J]. IEEE Journal of Biomedical and Health Informatics, 2015, 20（1）: 108-118.

[25] Wang L. Feature selection with kernel class separability [J]. IEEE Transactions on Pattern Analysis and Machine Intelligence, 2008, 30（9）: 1534-1546.

[26] Chang C C, Lin C J. LIBSVM: a library for support vector machines [J]. ACM Transactions on Intelligent Systems and Technology（TIST）, 2011, 2（3）: 27.

[27] Brown G, Pocock A, Zhao M J, et al. Conditional likelihood maximisation: a unifying framework for information theoretic feature selection [J]. The Journal of Machine Learning Research, 2012, 13: 27-66.

[28] Yoon H, Yang K, Shahabi C. Feature subset selection and feature ranking for multivariate time series [J]. IEEE Transactions on Knowledge and Data Engineering, 2005, 17（9）: 1186-1198.

[29] Yang K, Yoon H, Shahabi C. A supervised feature subset selection technique for multivariate time series [C]. Proceedings of the workshop on feature selection for data mining: Interfacing machine learning with statistics, 2005: 92-101.

[30] Dias N S, Kamrunnahar M, Mendes P M, et al. Feature selection on movement imagery discrimination and attention detection [J]. Medical & Biological Engineering & Computing, 2010, 48（4）: 331-341.